JN189027

明日を拓く JA運動

―自己改革の新たな展開―

福間莞爾

はじめに

今回の政府による農協改革は、農協法改正で一応の決着を見ました。法改正の最大のねらいは、JA 運動の司令塔であるJA 全中の破壊であり、政府のねらい通り、司令塔が炎上したJA およびJA グループは、いま漂流状態に陥っているように思えます。

現在、JA は自己改革という従来路線の踏襲を進めていますが、2016（平成28）年４月の改正農協法の施行をもって政府による農協改革の狙いはそのほとんどが実現しており、法改正でJA 解体の地雷装置はすでに整備し終わったとみるべきでしょう。

今後JA は、いかに地雷を踏まないで前に進むかが問われており、うっかり地雷を踏めばJA は解体の道を進むことになります。

いまわれわれに問われているのは、これまでの運動を総括し、新たな時代のJA 運動を国民運動としていかに展望していくかにあり、それは、いまJA が進めている自己改革の新たな展開でもあります。それでは、今後ともJA が総合JA の体制を維持し農業振興の役割を果たしていくためには、何が必要なのでしょうか。

そこで、今次農協改革はどのような意味を持ち、いまJA に問われているものは何かを考え、今後どのような展望が持てるかについて考えていきます。

本書は、４章からなります。第Ⅰ章では、新自由主義の旗のもとJA 解体が、本来協同組織を育成すべき行政の手によって進められていること、第Ⅱ章では、今次農協改革の緒戦においてJA は歴史的な完敗を喫したもののその総括が行われず、従来路線を踏襲する自己改革が進められていることを述べています。

第Ⅲ章では、いまJA に問われていること（総括の視点）について述べています。今次農協改革で問われている基本問題は、将来にわたっての総合JA という組織のあり方であり、そのもとでのJA 運動のあり方です。

とくに、総体として准組合員数が正組合員数を上回るという状況の中での、総合JA という組織のあり方は避けて通れない課題であり、その基本は、JA が職能組合と地域組合の二つの性格を併せ持つ組織であるという「二軸論」からの脱却による新時代の総合JAビジョンの確立です。

こうした基本問題に対峙しない方策・議論は無意味であり、そのためにはこれまでのJA運動を総括し、一社全中のもと、時代の要請に応えていくことが急がれます。第Ⅳ章では、そうした路線修正を前提に、将来の展望・可能性について述べています。

もちろんこのようなJA組織の将来方向は、自分だけで決めるわけにはいきません。組合員の皆さんや、行政などとも十分に議論をして決めて行くべきことであることはいうまでもありません。

JA全中は特別法の裏づけがなくなっても一般社団法人としてJAの代表・総合調整機能を果たす組織として引き続き役割を発揮すれば問題はない、JA全農は株式会社になったわけでもなく、信用事業の代理店化はJAの自主選択でありこれまた大きな問題はないといった考えは、後にも述べる通りいかにも安易に過ぎます。

今までのように、JAは政府（中央会制度）によって守られることはなく、生き残るとすれば、自らの努力で困難な状況を切り拓いていかなければなりません。

本書における、農協とJAの使い分けについては、主に政府関係の立場で記述する場合には農協を、それ以外の場合は愛称のJAを使っていますが、厳密なものではありません。

課題はあまりにも大きく、一全中OB・研究者として取り組むには微力で手に負えるものではありませんが、これまでの全中の歴史の多くの期間をたいへんなお世話になった身の責任の一端でも果たしたいという思いから、パソコンのキーを叩くことを思い立った次第です。

現職で仕事をしている間は実務に追われ、系統だった勉強はむずかしいものです。筆者もその例外でなく、本書で述べている内容のほとんどは、現職を引退してから学んだものばかりです。

本書が、今後のJA運営に少しでもお役に立てば幸いです。

平成30年５月

福間　莞爾

目　次

第Ⅲ章　いま、JAに問われていること

第Ⅳ章　今後の展望・可能性

第Ⅰ章

背景

1．新自由主義によるアベノミクス

（1）新自由主義の流れ

バブル経済が崩壊した1990（平成２）年代初頭には、ドイツベルリンの壁が破られ、ソ連邦が崩壊しました。また、インターネットが上陸し、わが国は一挙にグローバル社会に突入していきます。

わが国は、バブル崩壊によって経済が低迷してから30年近くにもなります。もはや失われた10年ならぬ20〜30年ともいえる状況にあります。こうした閉塞状況を打破するために取られているのがアベノミクスです。

アベノミクスの基礎にあるのは、新自由主義の考え方です。新自由主義とは、ノーベル経済学賞を受賞したアメリカのシカゴ学派M・フリードマン（1912〜2006年）等によって唱えられた経済学の考え方です。

1970年代のオイルショックによる経済停滞で失業者が増えはじめ、物価が上がるのに賃金が増えないスタグフレーションの時代を迎えます。その原因は、ケインズ流の有効需要創出のため政府の規模が大きくなり、非効率化が進んで多くの規制や税負担が自由な経済活動を妨げているのではないかという考え方が広まりました。

そうした考えの中心になったのが、M・フリードマン等が唱える新自由主義の考え方です。新自由主義は人間にとって重要なのは自由であり、何事にも人間の自由が保障されなければならないとするリバタリアンの経済政策で、規制緩和、減税、関税の撤廃などの政策を唱えます。

アメリカで新自由主義の政策を進めたのは、R・レーガン大統領（1911〜2004年）で、1980年代に大幅減税と財政支出削減、規制緩和を行う「レーガノミクス」と呼ばれる政策を導入し、市場原理を大幅に取り入れました。

一方、イギリスでも1970年代以降、新自由主義が取り入れられました。高い失業率に悩まされていたイギリスは、保守党のM・サッチャー（1925〜2013年）が首相に就任し、「鉄の女」と呼ばれた彼女が断行した1980年代の「サッチャリズム」によって、大胆な規制緩和とともに金融引き締めや財政支出の削減を行いました。

日本で新自由主義政策を推し進めたのは、中曽根政権（1982～1987年）で、その代表的なものが民営化政策でした。この政策で、旧国鉄のJRへの民営化をはじめ、電電公社はNTTに、専売公社はJTに民営化されました。

こうした流れは橋本内閣（1996～1998年）にも引き継がれ、金融ビッグバン（1996～2001年）、中央省庁再編（2001年）の行政改革を経て、小泉政権にも引き継がれて行きます。

郵政民営化を掲げた小泉内閣（2001～2006年）は竹中平蔵氏とともに「聖域なき構造改革」を断行し、数多くの規制緩和を進め、日本郵政や道路公団の民営化を実行しました。

新自由主義の経済政策の結果は、貧富の格差の拡大です。日本では2008年のリーマンショックによって、大量の派遣切りが行われて正規労働者と非正規労働者の間で大きな格差が生まれ、その格差は拡大していくことになります。

新自由主義は、冒頭に述べたような1990年代初頭のベルリンの壁やソ連邦の崩壊による冷戦時代が終わり、また、インターネットの登場によって世界のグローバル化が一気に進展し、国境を跨ぐ巨大多国籍企業が経済運営の実権を握っていくことで、新たな段階を迎えます。

こうしたなかで、新自由主義経済を象徴するのが、TPP（環太平洋パートナーシップ協定）です。2018（平成30）年３月９日、離脱した米国を除く参加11か国がチリ・サンティアゴで新協定「TPP11」の正式な合意文書に署名し、今後は国内批准手続きを進め、2019（平成31）年の発効を目指すとしています。

合意内容における農産物重要５品目について、日本の国会では関税の撤廃・削減をしないことを求め、政府は聖域が守られなければ脱退といっていたのですが、この決議に反し重要５品目の29％（170品目）で関税撤廃に合意しました。

もともとTPPはこれまでのFTAなどと異なり関税の撤廃・削減をしない「除外」や「再協議」の規定が存在せず、すべての農産物が関税撤廃の対象となります。日本の農産物のうち高関税のものは重要5品目の米、麦、牛・豚肉、乳製品、砂糖などごく一部にすぎません。

重要5品目以外では、実に98%の品目で関税が撤廃されます。また政府が「例外」として即時撤廃を免れたものには、さまざまな条件が付けられています。牛・豚肉の関税は大幅に引き下げられ、輸入肉との価格差を考慮すれば実質ゼロで壊滅的な打撃を受けます。

米、麦、乳製品、砂糖については輸入枠が新設されます。日本は現在、4割で減反しながらWTOのもとで年間77万トンの米を輸入していますが、TPPで輸入枠がさらに8万トン近く増えます。

輸入が急増した際に関税を一時的に引き上げるセーフガードも発動が難しく、すべて期限付きです。さらにとどめを刺すのが、日本だけが農産物輸出5か国（オーストラリア、カナダ、チリ、ニュージーランド、アメリカ）と約束した発効7年後の見直し協議です。5か国の平均関税撤廃率は99.8%で、日本がさらに厳しい譲歩を強いられるのは必至です。

また、2017（平成29）年12月に妥結した日欧経済連携協定（EPA）についても、農産物について、TPP並み（チーズ等ではそれ以上）の市場開放を迫られることになりました。

TPPは、世界の大企業・投資家のための協定であり、グローバル化の進展の中で、格差社会が一層進展してきています。いま世界では、最も裕福な上位10%の富裕層が世界の富の87.7%を所有しています。

日本でも2%の富裕層が純資産1億2000万円以上の富を得ている一方で、貧困率（所得が国民の平均値の半分に満たない人の割合）は6人に1人で、先進国中最悪の状況にあります。

1980年代には、富裕層が豊かになれば、いずれ貧困層にも富がこぼれ落ちる「トリクルダウン」が信じられていました。しかし、30年以上たったいま、行き過ぎた市場原理主義や自由貿易推進こそが世界の貧困・格差を生み出す原因であることが実証されています。

富の総体が大きくなる経済状況であればともかく、経済成長が停滞する中で競争を煽れば、格差は拡大していくのは当然のことです。かつてレーガノミクスやサッチャリズムで新自由主義の政策を進めたアメリカやイギリスが、いまアメリカファストの保護主義、EU からの脱退による経済孤立の道を歩んでいるのは、新自由主義の限界を示しているとも考えられます。

（参考・引用：TPP テキスト分析チーム『続そうだったのか TPP24のギモン』2016年）

（2）アベノミクスへの対応

アベノミクスは、ご存知の第２次安倍内閣（2012年～）でとられている新自由主義の考え方による経済政策です。その内容は３本の矢と呼ばれるものです。第１の矢が大胆な金融政策（金融緩和）、第２の矢が財政出動、第３の矢が成長戦略です。

アベノミクスについてはすでに５年が経過していますが、企業の株価が上がり景気回復が持続しているという評価がある半面、企業が内部留保を増やし、新しいことに挑戦しない、一方労働者の実質賃金が増えず、消費が増えないから物価が上がらずデフレから脱却できないというジレンマに陥っています。

マイナス金利に象徴される金融緩和策の黒田東彦日銀総裁による「バズーカ砲」も物価上昇にききめがなく、このままでは、ハイパーインフレを懸念しなければならず、財政出動も国債発行・国の借金だけが膨らみデフレ脱却には繋がっていません。

森島賢氏は、アベノミクスについて次のように述べています。「金融緩和だけでは成功しないだろう。一過性の公共事業の重視でも成功しないだろう。

そうではなくて、エネルギー産業など新産業分野の開拓、企業の新技術、新製品開発を支援するための政策こそが重要である。つまり、第３の矢の成長戦略こそ今後とられるべき方策である。

それには、企業が収益的な投資分野を創り出し投資を増やすしかない。それは、技術者だけに任せておくことではなく、社長が先頭に立って、全社員が一丸になって、それに取り組むことである。

このことは、かつて経済成長の時代には、各企業がやってきたことである。社長は社員の雇用を安定させ、賃金を増やすことを最重要に考えてきた。それが社長の社会的責務だし、誇りだった。

そうして、収益的な投資分野を開拓してきた。その結果、社員の賃金を増やしてきた。だが、いまの多くの社長たちは、賃金を減らすことしか考えていない。正社員を減らして不正規社員に代えることしか考えていない。

そして、雇用の安定を軽視してきた。これでは、技術開発もできないし、新製品もできない。」

このことは、JA についてもいえることではないでしょうか。経済成長期には農村労働力の活用や農村市場の開拓によって企業が農業・農村を支えてきました。いまや、企業にはその力がなく、行き過ぎた競争強化によって農村と都市の格差が広がり、地方消滅といわれる事態に陥っています。

このような状況の中で、農業・農村において、もはや一人農業者・農家の力では地域の衰退を止めることはできません。ここで出番なのはJA です。JA には、これまでに培ってきた、豊富な資金力と育成すべき人材、協同の力で人々のニーズをかなえるノウハウがあります。

とりまく状況を他人のせいにし、政府の政策を批判ばかりしていてもはじまりません。JA は、准組合員や地域の生協・漁協などの協同組合の仲間と連携し、①食料主権の確立、②エネルギー政策の転換、③あらゆる格差の是正の三つの旗印のもと、自ら農業生産に乗り出し雇用の機会を増やし、地域の活性化に貢献していくことが求められています。

そうした活動を通じて、これから述べるアベノミクスの異常な競争政策、格差拡大政策の是正・転換をはかっていくことが重要です。JA 経営は、これからますます厳しさを増していきますが、こうした事態に、経費削減のマイナス思考だけで乗り切ることは困難です。いまこそ、協同の力を発揮するノウハウの開拓・活用が必要な時です。

（参考・引用：森島賢『アベノミクスの成否の鍵は財界にある』JACOM　2013.01.21）

（3）アベノミクス農政

アベノミクス農政のこれまでの展開を概観すれば、以下のようになります。

①2012（平成24）年に発足した第2次安倍政権下の農業政策では、官邸主導のもと、規制改革会議（2016年9月から規制改革推進会議に改組）と、産業競争力会議（2016年9月から未来投資会議に改組）が深く関与することで、産業政策への傾斜をさらに深めて行くことになります。

2013（平成25）年6月に閣議決定された「日本最高戦略」では、「今後10年間で6次産業化を進める中で、農業・農村全体の所得を倍増させる」とする農林水産業の「成長産業化路線」を打ち出しましたが、その目的は、農業・農村全体の底上げにあるのではなく、一部の競争力のある農業経営の育成にありました。

②2013（平成25）年12月に閣議決定された「農林水産業・地域の活力創造プラン（以下、活力創造プラン）」では、TPP参加を前提とした輸出主導型の経済成長路線が追及され、一般企業の参入を含めて競争力のある農業経営の形成が目標に設定されました。

そして、目標実現に向けて次の四つの改革が進められました。ア、農地中間管理機構二法（2013年12月）の成立による、14年度からの担い手集積率8割を目標にした農地中間管理機構の運用、イ、主食用米の生産調整参加者への10アールあたり1万5,000円の直接支払いの7,500円への減額（14～17年度）と18年度からの廃止、ウ、飼料用米の作付けに転換した経営に対する補助金の支払い、エ、日本型直接支払制度の創設。

農業政策には、産業政策と地域政策の二軸が必要ですが、地域政策は上記エの日本型直接支払制度に止まり、産業政策偏重の内容になっています。

③2014（平成26）年６月には、規制改革会議の提言を受けて活力創造プランが改訂され（１次)、企業参入による農業の成長産業化を進める上で障壁になるとされた、農協、農業委員会、農業生産法人制度の改革が盛り込まれました。

2015（平成27）年３月に策定された基本計画は、活力創造プランの内容が反映され、食料自給率の目標値がカロリーベースで50％から45％に引き下げられ「担い手となる農業経営を選択して支援する」という文言が加わりました。

④2015（平成27）年10月にTPPが大筋合意となり、16（平成28）年２月には協定への署名が行われました。そして関税引き下げに対応した農業の競争力強化を目的に、規制改革推進会議は、生乳の指定団体制度の廃止、生産資材価格改定などを盛り込んだ提言を発表し、16年11月にはその提言が「農業競争力強化プログラム」と２次改訂された活力創造プランに盛り込まれました。

⑤2017（平成29）年の通常国会では、農業競争力強化関連８法案が成立しました。８法案とは、ア、農業競争力強化支援法、イ、畜産経営安定法の改正、ウ、主要農作物種子法の廃止、エ、土地改良法の改正、オ、収入保険の導入、カ、農村地域工業等導入促進法の一部改正、キ、農林物資の規格化等に関する法律及び農林水産消費安定技術センター法の一部改正、ク、農業機械化促進法の廃止です。

これらの法律の成立後には、活力創造プランの３次改訂も行われており、所有者不明地に関する農地制度の見直し、卸売市場制度などの食品流通構造改革などが行われようとしています。

以上のように、第２次安倍政権における農業政策は、1999（平成11）年の「食料・農業・農村基本法」が求めた産業政策と地域政策のバランスの取れた政策とは大きくかけ離れ、ひたすら競争原理による産業政策に傾斜したものとなっています。

（参考・引用：植田展大『農林金融』農林中金総合研究所　2018年１月号）

2．農協改革の前夜

（1）農協法の改正（2001年）とJAバンク法の制定

JA批判はこれまで度々行われてきています。最近ではバブル経済崩壊にともなう住専の不良債権問題で、「住専問題は農協問題」だという的外れの議論が行われました。また、中曽根内閣では、総務庁による「農協の行政監察」が国家権力によって行われました。

しかし、今回の政府による農協改革は、性質がまったく違います。新自由主義による世界の潮流は安倍政権にも引き継がれ、アベノミクスとして本格化して行きますが、このなかで、官邸主導によるJA解体の動きが加速していくことになりました。

こうした官邸の動きを背景に、主務省たる農水省も「規制改革会議」などとともに本格的な農協改革に乗り出していきます。これまでのJA批判では、農水省は常にJAの見方でしたが今回の改革・解体議論は農水省自らが行っていることが大きな特徴です。

農水省による農協改革の起点は、とりあえず2001（平成13）年の農協法改正にさかのぼります。この改正は、2002（平成14）年のJAバンク法（正式名は「農林中央金庫及び特定農業協同組合等による信用事業の再編及び強化に関する法律」の改正）の制定と一体のものとして行われました。

法改正には、1999（平成11）年の「食料・農業・農村基本法」の制定、2002（平成14）年４月からのペイオフ解禁という時代背景がありました。農協法の改正の要点は、①JAを農業振興の手段とする第１条の改正と、②営農指導事業をJAの第１の事業とする第10条１項の改正でした。

とくに、第１条の改正では、農協法の目的が、「この法律は、農業者の協同組織の発達を促進することにより、農業生産力の増進および農業者の経済的社会的地位の向上を図り…」となりました。

改正前は「…協同組織の発達を促進し、以て農業生産力の増進…」となっていました。改正前は、協同組織の発達と農業生産力の増進（農業振興）は並列のように見えますが、改正後は農業者の協同組織は、農業振興のための手段として明確にされました。

農協法令研究会発行の「農協法・逐条解説」でも第１条は、「農業者の協同組織の発達を促進すること」を、本法の目的（農業振興）を達成するための手段として定めるとしています。

つまり、JA は農業振興をはかるためのみに存在するのであって、協同組合はその従たる存在としてしか認めないというのが法律の趣旨となったのです。

今回の農協法改正でも、JA が協同組合として農業振興に力を発揮するなら存在を認めるが、それができないならば、積極的に株式会社に組織変更してもらいたいという考え方が前面に出されています。

JA いずも（現・JA しまね）で2006（平成18）年８月に開催された、新世紀 JA 研究会の第１回全国セミナーの講演で、当時の奥原正明大臣官房秘書課長が、JA は農業振興こそが使命であることを忘れないで欲しいと再三にわたって強調していたことを鮮明に思い起こします。

この農協法第１条の改正は、その後の農協改革について重要な意味を持つものですが、農協界はもとより学者・研究者もこのことにさほどの興味を示しませんでした。

その背景には、多くの人々には JA は、農業振興はもとより、信用・共済など各種事業の兼営が認められており、かつ准組合員制度があるので、職能組合と地域組合の両方の性格を持つものだと認識することが何事につけても都合がよく、第１条の改正にはあえて目を伏せる態度をとる人が多かったのではないかと思われます。

この時期、全中の指導方針も JA は、「農民を主体として運営するが、組合員家族はもとより可能な範囲で地域住民を包含した組織」などとなっていました。今から思えば、JA は農協法第１条改正の意味をもっと重要かつ深刻に考えておく必要がありました。

後に述べるように、遅ればせながら、改正された現在の農協法第1条のもとでJAはどのような運営を行っていけばいいのか、それが今次JA改革を通じてわれわれに問われている最大の課題です。

また、10条1項の事業規定については、この法改正で、営農指導事業（組合員のためにする農業の経営及び技術の向上に関する指導）がJAの第1の事業となりましたが、それまでは「資金の貸付け」となっていました。

このように、農水省は、JAの存在目的を農業振興一本に絞ってきていますが、その背景には、JAは大きく発展してきたが、産業としての農業が一向に発展しないという焦りがあります。

産業としての農業の確立には限界があり、農業軽視の政策が農業の衰退に拍車をかけているのが実情ですが、政府は自らの非を認める訳にもいかず、責任を一身にJAに負わせようとしています。

ですが、どのような理由があるにせよ、法律でJAの存在が農業振興と規定されている以上、協同組合として生き残っていくためには、JAはあらゆる手立てを使って農業振興の実を上げて行かなければなりません。

注：新世紀JA研究会とは、JAいずも（現・JAしまね）の萬代宣雄代表理事組合長の肝いりで2006年8月に結成されたJAの自主研究組織。現在の同研究会代表は、JA水戸八木岡努代表理事組合長。

（参考・引用：農協法令研究会『逐条解説　農業協同組合法』大成出版社　2017年）

（2）ロベスピエール

2001（平成13）年の農協法改正、2002（平成14）年のJAバンク法の制定を主導し、それ以前から20年以上にわたって農協改革を一貫して進めているのは、現・農水省事務次官の奥原正明氏です。

氏は、省内の有力OBから、フランス革命期のM・ロベスピエール（1758～1794年）と呼ばれています。ロベスピエールは、フランス革命期にアンシャンレジーム（旧体制）打破のため対立者を次々とギロチン台に送り、恐怖政治を敷いたジャコバン党の党首です。

今回の一連の農協改革は、氏なくしてなしえなかったほどに急進的なものでした。氏は、2001年の農協法改正について、次のように述べています。

「JA グループは、農業者の相互扶助組織であるが、1947（昭和22）年の農協法の制定から50年以上が経過する中で（組合員のための組織）というより（組織のための組織）としての色彩を強め、制度疲労が目立つようになってきている。

改正の内容は、①営農支援・経済事業の改革、②信用事業の改革、③JA 組織の改革の三つであり、今回の法改正は、法制度の性格上、信用事業と JA 組織の改革が中心となっているが、JA の本質を考えれば、営農・経済事業の改革が最重要である。

信用事業で破たんすることのないようにしたうえで、営農支援・経済事業に全力を傾注し、組合員がメリットを実感できるようにしていくことが今回の改革のポイントである」。

以上のことから、JA バンク法の制定とあわせて実施された農協法の改正は、JA から信用・共済事業を分離して、営農・経済の専門農協にすることが望ましいという氏の JA 観が透けて見えます。

その後、2003（平成15）年の「農協のあり方についての研究会」の報告書としてまとめられた「農協改革の基本方向」は、農協系統の問題点とその背景について次のように述べています。

【農協系統の問題点】

○経済事業等について一部に先進的 JA はあるものの、改革が遅れているところも多く組合員から「利用するメリットに乏しい」との批判の声が出されている。

○改革が遅れた JA が多数存在したままでは食料自給率の向上や国際競争力の向上に十分な役割を発揮していけないとの指摘もある。

○農協系統の偽装表示事件をはじめとする不祥事は消費者の信頼を裏切るだけでなく、組合員・農業者に対する背信行為。国民の信頼が揺らいでいる。

【問題点の背景】

○組織が硬直化し「組合員のための組織」というよりも「組織のための組織」という色彩を強めている。

○合併によって組織、事業の規模は大きくなったがその規模に見合った運営ノウハウが確立していない。

○農協法制定当時の小規模で均質な組合員を前提とした事業運営を、担い手重視が明示された現在においてもなお基本とし、「形式的な平等」となり「実質的に公平」な事業運営に転換できていない。

○行政側が農協系統に行政代行的な仕事を期待した結果、農協系統自身が「半分公的な組織」と誤解した。

○競争に勝ち抜いていこうという意欲が乏しく「経営者」としての自覚と能力を有する人材が十分でない。

○多くのJAでは経済事業の赤字を信用事業・共済事業の収益で補てんする状況。経済事業の改革を進めなければJAの経営自体が成り立たなくなりかねない。

（参考：『農協改革の基本方向・要旨―農協系統の問題点・背景』JACOM　2003.4.10）

以上の問題点のうち、行政側が農協系統に行政代行的な仕事を期待した結果、農協系統自身が「半分公的な組織」と誤解したという指摘は重要で、こうした行政の認識が後の中央会制度の廃止に繋がっていきます。

また、今次農協改革は、協同組合は不効率な組織という考え方が顕著で、一貫して協同組合の否定が貫かれているのが特徴です。その象徴が2005（平成17）年に農水省内の「経済改革チーム」で行われた「整促７原則」についての検討と徹底した糾弾です。

「整促７原則」は、戦後、農協とくに連合会の再建整備にあたり経済事業に適用された事業方式で、組合員に農協利用を強制するものという批判があるものの多くの点で協同組合的やり方を徹底するものであり、これを組合員の事業利用を束縛するものとして徹底して否定しました。その内容については、後に第Ⅲ章２.（３）で述べる通りです。

前述のように、近時の農業政策では、2017年（平成29）年の通常国会で、農業の競争力強化を目的とした農業競争力強化関連８法案が成立しました。

このなかには、戦後の主要食料の生産を支えてきた「主要農作物種子法」の廃止も含まれています。この法律は、米・麦・大豆等の主要農作物について、都道府県に原種・原々種の生産や品種の試験を義務づけたものでした。

この法律は、衆・参両院で質疑を入れて12時間の審議しか行われず、内容がほとんど国民に知らされないまま廃止されました。このことにより、国民の命を守る主要農作物の種子および生産・販売について、モンサントやシンジェンタなど巨大多国籍企業・外国資本の支配にさらされることが現実味を帯びることになりました。

こうした農業政策の流れの中で、政府の農協政策も偏狭な職能組合の方向を突き進んでいます。

また、日米安保条約のもとでの、日米間の年次改革要望書や米国USTRの外国貿易障壁報告書さらには在日アメリカ商工会議所の要望等によって、対日赤字の縮小、原料原産地表示の緩和、プレ・ポストハーベスト審査の合理化、郵政・保険・共済などのサービス、知的財産権の分野の開放など、アメリカおよびその背後の巨大多国籍資本からさまざまな要求を突き付けられています。

さらに、TPP日米付属交換文書では、「規制改革について、日本政府は、外国人投資家等から意見及び提言を求め、関係省庁等からの回答とともに、規制改革会議に付託し、同会議の提言にしたがって必要な措置をとること」とされています。

今回のJA改革でも、度々、規制改革会議の名前が登場し、規制改革会議の提言が、与党の頭越しに官邸主導で実行に移されています。これでは、まるで日本の主権侵害といっていい状況です。

さらに、森友・加計学園問題に象徴されるように、2014（平成26）年の内閣人事局設置で、内閣人事局が霞が関省庁の主要人事権を管理することによって、官邸主導の政策決定・遂行が加速されています。

後に述べるように、JAは政府による農協改革で、中央会制度の廃止という歴史的敗北を喫しました。その原因の一つは、自民党インナーとの密室議論に終始したことによるものですが、それでも自民党農林族の議員の中にはよく頑張ったといえる人もいます。

ですが、政策決定の仕組みが以上のようなものであれば、自民党の個別議員の努力には限界があります。今後に残されている准組合員など重要課題について、自民党一辺倒で対応するのは危険で、JA改革は超党派の国民的課題として取り組んでいくことが重要です。

第Ⅱ章

経　過

「規制改革実施計画（平成26年６月24日閣議決定）」による農協改革の内容は、協同組合否定、総合JAビジネスモデルの否定という基本コンセプトによるものですが、JAグループはこれらの課題に有効な対抗軸を示し切れておらず、事業によって濃淡はあるものの、ほぼ一方的な形で農協改革が進められています。

一方、農水省は農協改革の目標とされる農業所得の向上・農業生産の拡大等について明確な進捗状況を示すことができない状況にあり、JAの優良事例の提示や生産農家との徹底した話し合い、認定農業者へのアンケート調査を示すに止まっています。

こうした状況をみると、政府がいう農業所得の向上・農業生産の拡大という農協改革の目標は単なるお題目であることが明らかです。

いま、農協改革は、第１段階―中央会制度の廃止、第２段階―全農改革を経て第３段階―JAからの信用事業分離、最終段階―准組合員の事業利用制限へと突き進んでいます。

経過については以下に述べる通りですが、結論からいえば、政府が意図する農協改革は、准組合員の事業利用規制を除き、すでに大方は終わっていると考えられます。総じていえば、総合JA解体の端緒となるトリガー（引き金）装置の整備・設置が終わりつつあり、後はJAや行政の対応次第といった状況です。

今回の農協改革は、中央会制度の廃止、公認会計士監査への移行、JA信用事業の代理店化など制度改革をともなう本格的なものです。JAグループ内には、中央会制度は廃止されてもJAの代表・調整機能が必要なことは変わらない、代理店化はJAの自主選択だなど、これまでのJA運動の正当性の主張や責任回避のための楽観論も散見されますが、こうした安易な考え方は禁物です。

今回の制度改正は、JA解体の具体的事例が生じてはじめて、「ああそういうことだったのか」と気づくようになっています。そうなってからでは、すべてが手遅れで、いずれも解体に向けて不可逆的な内容として立ち現れます。

なお、残された最大の課題は、准組合員の事業利用規制ですが、この問題については、政府から問題提起された以上、JA にはしっかりした対応策が求められています。

後に述べるように、中央会制度廃止との王手飛車取りに遭い、王将は准組合員の事業利用規制であることを自ら認めた JA は、この問題から逃げることは許されません。

JA として、自らの対応策に基づいて政府・政党との交渉を行うべきであり、今まで法律で規定されていたから、既得権益としてこれからも引き続き認めてもらいたいとしてひたすら自民党に政治力の発揮を期待することは、事態を大きく見誤ることになるでしょう。

JA から抜本的な准組合員対策が出されない限り、必ず譲歩を迫られ、かりに一定の利用制限を認めざるを得ない状況になれば、その後際限なく拡大されていくことを覚悟すべきです。

准組合員の事業利用規制のあり方に結論を出す2021（平成33）年３月は目の前ですが、准組合員対策について目立った動きはありませんし、この問題は終わったかのような雰囲気さえ漂います。

しかし、事態は深刻さを増していると考えるべきで、マイナス金利政策のもとでの金融再編として、JA 信用事業の分割などさらに踏み込んだ内容の提案さえ危惧されると考えるべきでしょう。

ことに、JA 信用事業については、今後農林中金・信連からの奨励金の大幅減額が想定され、急激な経営収支の悪化が懸念されています。大幅な経営収支の悪化が進み、JA が経営困難な事態に陥れば、預金者保護を名目に農林中金への代理店化の誘導が進められることが必至の情勢になります。

この点、今後の JA 改革は、准組合員の事業利用規制とともに、JA の収支安定化対策が焦眉の急となってきています。

注：以下の農協法改正までの、主に政府・自民党と JA グループの対応のドキュメントは、飯田康道『JA 解体』東洋経済新報社　2015年を参考にしています。

1．緒戦の敗北

（1）「規制改革実施計画」によるグランドデザイン

政府による農協改革は、2001（平成13）年の農協法改正以来、周到に準備されてきたものですが、2014（平成26）年の春から急展開することになります。

この年の３月ごろから「全中へのJAからの上納金90億円」とか、「全農の株式会社化」の記事が新聞紙上に出回り始めましたが、こうした記事はこれまでにも掲載されたことがあり、大方は、どうせまたJAへの嫌がらせ程度の受け止め方でした。

ところが５月の連休明けから情勢は一変し、新聞の全国各紙が一斉にJA改革について報道をはじめ、もはや農協改革は避けられないとの雰囲気が醸成され、政府は６月、一気に「規制改革実施計画」の閣議決定にもちこみました。

この間、2014（平成26）年５月14日の「規制改革会議・農業ワーキンググループ（WG）」による、「准組合員の事業利用は、正組合員の事業利用の２分の１を越えてはならない」との提言は、JAグループに大きな衝撃を与えました。

提言にはこのほか、中央会制度の廃止、全農の株式会社化、JA信用事業の代理店化、JA理事の過半数を認定農業者や民間企業の経営経験者にするなどが盛り込まれていました。

こうした動きは、マスコミ等を総動員した、規制改革会議、農水省を含む政府一体となった戦略と周到な作戦によるもので、まさに国家権力の怖さを思い知らされるのに十分な出来事でした。

５月14日の「規制改革会議・農業ワーキンググループ」のあまりに急進的な提言公表から一週間後の５月21日、これへの対応協議のため、自民党は党本部で「新農政における農協の役割に関するプロジェクトチーム(PT)」などの合同会議を開催し、詳細検討は「インナー」と呼ばれる少数の農林族幹部に委ねられることになりました。「密室議論」の始まりで、これが今次農協改革議論の際立った特徴です。

提言は、自民党での協議・調整を踏まえ、同年６月24日、「規制改革実施計画」として閣議決定されます。この後、農協改革は、「規制改革実施計画」に基づいて着々と実行に移されることになりますが、たった４年を経ずして今のような状況になるとは、だれも予想ができないことでした。

この実施計画の内容を、筆者はJA組織再編の「仮説的グランドデザイン」と呼んでいますが、それは政府による望ましい将来像を描き、政策誘導によって実現しようとするもので、三つの論点（Ⅰ．将来にわたってのJA組織のあり方1.6.　Ⅱ．JAの事業運営と組織のあり方2.3.4.　Ⅲ．国にとってのJAの役割5.）が提示されています。

また、この計画については、今後５年間を農協改革集中推進期間とすること、農協は重大な危機感をもって、この方針に即した自己改革を実行するよう強く要請するとされています。

なお、以下に、度々自己改革という言葉が登場してきますが、政府による自己改革とは、あくまでもこの「仮説的グランドデザイン」を実行に移す改革であることをしっかり認識しておくことが重要です。

政府によるJAの組織改編の「仮説的グランドデザイン」
―「規制改革実施計画（平成26年６月24日閣議決定）」―

1．JAを農業専門的運営に転換する。
2．JAを営農・経済事業に全力をあげさせるため、将来的に信用・共済事業をJAから分離する。
3．組織再編に当たっては、協同組合の運営から株式会社の運営方法を取り入れる。
　①　全農はJA出資の株式会社に転換する。

② 農林中金・共済連も同じくJA出資の株式会社に転換する。

4．JA理事の過半を認定農業者・農産物販売や経営のプロとする。

5．中央会制度について、JAの自立を前提として、現行の制度から自律的な新制度へ移行する。

6．准組合員の事業利用について、正組合員の事業利用との関係で一定のルールを導入する方向で検討する。

注）上記のまとめについては、筆者の解釈を含んでおり、たとえば、「実施計画」では「農業専門的運営への転換」などとはいっていませんが、これは問題を明らかにするための表現です。

（2）JAグループによる「自己改革」の策定

「規制改革実施計画」決定後、政府はJAの自己改革の取り組み状況を見てこれを進めるとしましたが、こうした説明は表向きのもので、初めから政府にその気など微塵もなく、農協改革は民間組織たるJAが行うものであり、政府が行うものではないとの批判をかわすだけのことでした。

それは、JAが自己改革案をまとめる前の少なくとも平成26年10月までには、政府内で中央会監査の廃止が決められていたことで明らかでした。「実施計画」では、中央会制度の新制度への移行（廃止ではない）が謳ってありましたが、中央会監査の是非についてまでは触れられていませんでした。

中央会監査の廃止は、中央会監査について、その法的根拠をなくす中央会制度の廃止を意味し、それは、平成26年５月14日の「規制改革会議・農業ワーキンググループ」による中央会制度の廃止の提言を忠実に実行することを意味していました。

中央会から監査事業を取り上げるということは、全農から販売・購買事業を取り上げるのと同じことを意味し、これにより中央会は実態のないまったくのサロンになってしまいます。

要するに新制度への移行といっても、JA全中が自己改革案をまとめる前の段階で、中央会を消滅させることがはっきりしていたのです。

強引に監査権の剥奪を図ることは、これまで中央会監査がJA指導に十全の機能を発揮したことに目を背け、中央会を潰す最も効果的な方法であるからでした。

JA全中では、「規制改革実施計画」の閣議決定後、直ちに「総合審議会」や「有識者会議」を開催し、2014（平成26）年11月6日に「JAグループの自己改革」をまとめました。

自己改革の内容は、①基本的な考え方、②農業と地域のために全力、③組合員の多様なニーズに応える事業方式への転換、④担い手の育成強化、⑤JAの業務執行体の強化、⑥連合会の支援補完機能の強化、⑦生まれ変わる「新たな中央会」、⑧5年間の自己改革集中期間などでした。

ここでの政府との最大の争点は、上記の②で、JAが自らの組織を「農業者の職能組合と地域組合の性格を併せ持つ組織」とし、さらに、こうした役割を「農協法上に位置づけるとことを検討する」としていることでした。

政府は早速このことを問題とし、JAが地域組合としての役割を果たすのは、農協の本旨ではないとして、当時の西川公也農水大臣は、記者会見でこの改革案を全面否定して見せました。

政府の農協改革の対案として作成された「自己改革方策」は、農協法改正にあたって、中央会の教育や経営指導機能の否定など、都合のよい部分をつまみ食いされた挙句、政府によって完全否定されたのです。

JAが職能組合か地域組合かについては、JAの将来ビジョンを考える上での根本的な論点であり後に詳しく述べますが、そのこととは別に、この改革案が文字通りJA全中の組織の存亡がかかり、冷静な判断ができない時期にまとめられたことに留意が必要です。

どのような組織も、自らの存亡の淵に立たされれば、将来のことより自身の組織を守ることに全力を挙げます。このため、改革案の内容は、徹底した従来路線の踏襲であり、中央会については、その活動内容はともかく、何としても制度の維持を懇願する内容でした。

そのことは、この時点ではやむを得ないことだったのでしょうが、その後のJA改革を考える際には、このことを割り引いて考えていくことが決定的に重要です。

自己改革案が、杉浦宜彦氏（JAグループの自主改革に関する有識者会議・座長）がいう、「農協改革の目的とは、農協組織が強くなることではありません。根本には、国民の食卓に安心・安全な食物が安定的に供給されることが目的にあり、その手段としての農業改革であり、農協改革であるべきというのが本来の姿で、この根本を外した議論は的を射ないといっていいでしょう」との認識からは、大きくかけ離れた内容となったのは無理のないことでした。

同時に、杉浦氏は、「組合組織がベースであるがゆえになかなか意思決定できない体質を変化させ、機動的な組織にしつつ、5年後をにらんで准組合員の問題をどうしていくのかを早急に決めていくことです。そのことが、一部の産業に従事している人だけの組合組織なのか、食と生活を考える国民的な組織になるのかという大きな決め手につながります」と指摘しています。

後に述べるように、現在のJAグループというよりJA全中は、自己改革策定時点ではともかく、今にいたっても、折角のこうした正鵠を射た指摘を参考にしないのはどうしたことでしょうか。

（参考：杉浦宜彦『JAが変われば日本の農業は強くなる』デイスカヴァー・トゥエンティワン　2015年）

（3）ターニングポイント（萬歳章JA全中会長の辞任）

それはともかく、JAの自己改革案が決められた後、12月末の衆議院解散・総選挙をはさんで、年明けから政府、自民党インナー、JA全中等との間で農協法改正に向けた激しい攻防が繰り広げられました。

議論の中心は、中央会監査の廃止と准組合員の事業利用規制であり、

2015（平成27）年の２月には、今次農協改革の最大の山場を迎えることになります。

２月８日、自民党インナー、農水省幹部、JA 全中万歳会長ら JA 首脳との間の協議で、政府与党からかねてから議論のあった、中央会（監査）制度の廃止か准組合員の事業利用規制をとるかの二者択一（王手飛車取り）を迫られ、全中会長はやむなく中央会制度廃止の方向を取らざるを得ない状況に追い込まれました。

同時に、王手飛車取りの王将は、JA にとって准組合員の事業利用規制であることが明らかになりました。

そして翌９日には、全中は、自民党本部で政府与党の農協改革骨子案の受け入れを表明しました。中央会制度の廃止は、２月12日の第189回国会における安倍総理の施政方針演説に、「農協改革」という４文字の内容を実現するためのものでした。

通常、将棋の王手飛車取りは、この手を打たれた段階で勝負は決まります。JA グループは、この時点でそこまで追い込まれていたということであり、緒戦において完全敗北を喫しました。また、この瞬間において、今次農協法改正は、国会審議を待たずして事実上決まってしまいました。

いうまでもなく法改正は本来、国会審議を経て決まるのですが、全中は国会審議前の段階で政府・自民党の思惑にはまり、結果として、国会審議の道を自ら封殺してしまうという重大なミスを犯してしまったのでした。

現に国会審議では、当時の民主党をはじめ野党から、JA が農業振興を通じて地域全体の底上げに果たしている役割を評価すべきとの意見が相次ぎましたが、全中は、こうした意見を法改正に生かすことができませんでした。

王手飛車取りを提案された全中会長には、その場で席を立ち中央会制度の廃止、准組合員の利用制限とも断固受け入れられない、国会で議論しようではないかという選択肢もあったと思われます。

ですが、農協改革骨子案が決まった段階で、煮え湯を飲まされたにもかかわらず、「自民党の先生方には、たいへんよく頑張ってもらった」などという文書を全JAに配布せざるを得なかった事情を考えれば、それはとうてい無理なことでした。

ちなみにこの戦いに並行して行われていたTPP反対運動も、急速にその力を失っていきました。

2014（平26）年６月の「規制改革実施計画」の決定以来、わずか１年を経ずして戦後の農政・JA運動を主導してきた中央会制度の廃止（JA運動の歴史的敗北）が決められた原因をどのように考えればいいのでしょうか。

それは、①農協改革の議論が終始内向きで、議論が対自民党それもインナーと呼ばれるごく少数の自民党幹部との密室議論のもとに行われたこと、②JAに、これまでの制度依存の考えが払しょくし切れず、いずれ政府は悪いようにはしないだろうという意識が根底にあったこと、とりわけ中央会制度に対する重要性の認識が甘かったこと、③公認会計士監査への移行等イコールフッティング論に有効な反論ができなかったこと、それ故、④農協改革を、組織内においても国民に対しても、JA運動として展開できなかったことなどがあげられます。

これらの反省のうち、とくに、これからの農業・農協問題を政府・自民党、または他の政党もしくは広く国民との間でどのようにJA運動として展開して行くのか、今次農協改革を通じてJAに問われている最重要の課題です。

そしてここがポイントですが、最終的にわれわれが確認しておかなければならないことは、JAがつくった従来路線踏襲の自己改革案が、この段階で完全に否定されたことです。

全中は2019（平成31）年９月末をもって一般社団法人となり、今後のJA運動をどのように進めるか、准組合員の事業利用規制問題にどう対処するかなどの対応方向を決めて行かなければなりませんが、少なくとも以上のような総括をしなければ、戦いを続けて行くことはできません。

そして2015（平成27）年４月９日には、萬歳会長は辞任を表明することになります。これには、現状維持を望むJAグループの意向が通らなかったことへの引責という見方がありますが、萬歳会長は、農協改革法案が3日に閣議決定されたことを一つの区切りとして、「新しい全中のあり方を新会長のもとでつくって頂きたい」として、敗北宣言を行いませんでした。

このことは、結果としてJA全中が作った自己改革案についてその正当性を主張することになり、また運動展開の反省に結び付けることができませんでした。

敗北宣言・総括が行われなかったため、われわれは、政府および国会審議を通じて否定された、従来路線を踏襲する「自己改革案」とその後に引き続く「第27回JA全国大会決議」に基づいてJA自己改革を進めるという奇妙な事態に陥っています。

JA全中の中家徹会長は、いま大切なことは今年（平成30年）中に自己改革をやり遂げることだと訴えていますが、いったい何をやり遂げればいいのでしょうか。

まさか、政府・国会が否定したJA自己改革路線を徹底的にやれということなのでしょうか。全中会長には、この発言の説明が必要とされます。

このように、せっかくの全中会長辞任の機会を生かせなかったことが、今次JA改革についての大きなターニングポイントになったことを確認しておくことが重要です。

ここで萬歳会長が敗北を認め、それまでの取り組みの総括のもとに新たなJA運動を展開してもらいたい旨の所信を表明していれば、事態は今とはよほど変わったものになったように思われます。

太平洋戦争緒戦のミッドウェー海戦で大敗した当時の日本軍は、まともな敗因分析をしないまま戦線を拡大し続け、取り返しのつかない多くの犠牲を払う惨めな敗戦を迎えることになりました。

辞任会見以降、JAには自分たちは何も間違ったことはしていないという一種の「無反省症候群」が漂い、JA改革を遅らせることになります。

2015（平成27）年7月、萬歳全中会長の後を託された奥野長衛会長（三重県中央会会長）は、会長選挙で大方の予想を覆して対立候補の中家徹会長（和歌山県中央会会長）を破り、内外から改革派と称され期待を集めて登場しました。

ここでもう１回これまでのJA改革を総括し、新たな総合JAビジョンのもとJA運動を展開するチャンスが訪れましたが、奥野政権はその機会を生かすことができませんでした。組織の総意は、なぜこのような事態になったのか、従来路線の再検討を促すものだったのですが、奥野政権は、それに応えることができませんでした。

奥野会長就任後、2015（平27）年10月に開催された第27回JA全国大会は三つの基本目標①農業者の所得増大、②農業生産の拡大、③地域の活性化の実現を掲げ、「創造的自己改革」に取り組むことを決議しました。

しかし、この方針は基本的に、政府が否定し全中が組織として正常な精神状態になかった時につくられた、従前のJAの自己改革を踏襲したもので、新たな展望を切り開くものになりえないものでした。

このため、再チャレンジで登場した2017（平成29）年８月からの中家会長に代わってからも、取り組み内容は、現時点では奥野会長時代の延長線上にあり、従来路線からの転換をはかるものになっていません。

中家政権が奥野政権から引き継いだ唯一の方策は、組合員アンケート調査ですが、この考え方は政府（農水省）への徹底抗戦型の取り組みであり、われわれはアンケート調査で組合員の支持を得、それをもとに政府の考え方を変えさせるのだというように見受けられますが、果たしてそれで事態を解決できるのでしょうか。

極論を恐れずにいえば、現在も萬歳会長の辞任（平成27年４月）以来、JA改革運動の空白状態が続いているといって過言ではなく、それが今次JA改革にとって最大の悲劇といっていいでしょう。

これは、政府の力によって中央会制度の廃止という“幕藩体制”が崩壊したものの、かつて経験をしたことがない環境の激変にどのように対処していいかわからない幕臣たるJA（とくに、JA全中）の姿を象徴しているかのように見えます。

時代が求めているのはJA界における雄県、雄藩（JA）の登場です。現体制には、せめて新時代の幕開けを制約しない状況づくりを求めたいものです。

JAのトップリーダーには、そうはいっても政府は、日本農業の守護者であるJAを悪いようにしないのではという潜在意識があると思われますが、これまでの経過と対応を見れば、そうした潜在意識からの脱却こそが焦眉の急を要する課題といえます。

（4）農協法の改正

2015（平成27）年に閣議決定された「農業協同組合法等の一部を改正する等の法律案」は、4月から衆参の国会審議にかけられ、8月には可決成立し、9月に公布されました。

そして2016（平成28）年4月に改正農協法が施行されました。戦後のJA運動を支えてきた中央会制度の廃止という重大な内容を含むものでしたが、前述のように、改正内容は政府とJAですでに合意したものであり、国会審議は極めて形式的なものとなりました。その概要は以下の通りです。

【農協について】

①農産物販売等を積極的に行い農業者にメリットを出せるようにするために、理事の過半数を原則として認定農業者や農産物販売等のプロとすることを求める規定を置く（責任ある経営体制）

②農協は農業者の所得の増大を目的とし、的確な事業活動で利益を上げて農業者等への還元に充てることを規定する（経営目的の明確化）

③農協は農業者に事業利用を強制してはならないことを規定する（農業者に選ばれる農協）

④また、地域農協の選択により、組織の一部を株式会社や生協等に組織変更できる規定を置く

注）准組合員の事業利用規制は5年間の猶予・先延ばし

【中央会・連合会について】

①JA全中―①現在の特別認可法人から一般社団法人に移行する（2019年9月末まで）、農協に対する全中監査を廃止し、公認会計士監査を義務づける（業務監査は任意）

②都道府県中央会―特別認可法人から農協連合会（自律的な組織）に移行する

③全農―その選択により株式会社に組織変更できる規定を置く、連合会―会員農協に事業利用を強制してはならないことを規定する

改正内容は、中央会制度の廃止（旧農協法第3章73条の15～73条の48〈以下単に第3章という〉の中央会規定の削除）につきますが、ここではいくつかの点について指摘しておきます。

【農協について】

①の理事の過半数を原則として認定農業者や農産物販売等のプロとする規定については、できればその方がいいのですが、問題は適任者が確保できるかどうかです。この点について、認定農業者等の資格規定はかなり弾力的なものとなっています。

②の規定については、営農・経済事業についてのみ高い収益性を求めるもので、他の事業との整合性がとれていません。

③「農業者に事業利用を強制してはならない」とする規定については、協同組合の運営原則に大きく抵触します。なぜなら、協同組合は弱い立場に置かれた人々が団結（協同）して自らの願いを果たすことを目的とする組織であり、自らのメンバーに事業利用を求めることでその目的を達成するからです。

問題はその事業利用が強制的なものか自主的なものかで意見が分かれることになります。JAでは、農産物の共同販売や生産資材の予約購買などについてあくまでも組員の自由意思でこのやり方を推進することが前提になります。

④のJA組織の一部を株式会社や生協等に組織変更する規定については、

なぜこのような規定が盛り込まれたのか理解に苦しみます。主務官庁である農水省は経営局に協同組織課があるように、本来農協や漁協という協同組合組織を育成強化すべき役割を担っていますが、なぜわざわざこのような規定を設け協同組合組織以外への転換を促すのでしょうか。

どうしても、ほかの組織にしたければ、組合員の意思で組織転換（解散・清算の実務や税務など実務上の課題を回避したいなら、現JAはそのまま残して必要な組織を別途設立など）すればいいだけのことです。

【中央会・連合会について】

①の中央会については、同じ中央会について都道府県中央会を連合会に、JA全中を一般社団法人にしたことは、法律上の一貫性を欠くとともに、中央会機能を分断する意図が明確なものでした。

イコールフッティングの名のもとに行われた、中央会監査から公認会計士監査への移行については、これまで中央会監査が果たしてきた役割を無視し、指導監査としての協同組合監査を否定するものでした。

②の全農にも選択により株式会社に組織変更できる規定が入りました。全農としては、すでに必要な事業は子会社化していますが、かりに全農自体をJA出資の株式会社にすると想定すればそれはできない相談です。

JAの営農・経済関連事業の多くは赤字部門であり、株式会社にしてJAを統合すれば、全農経営はたちまち火だるまになるでしょう。そのような会社は成立する訳がありません。もし、どうしても株式会社にするとすれば、想像を超えるすさまじい合理化を余儀なくされ、とても組合員の負託に応えられるような組織にはなりません。

なお、連合会―会員農協に事業利用を強制してはならないことを規定する内容は、基本的には、前述した組合員とJAとの関係と同様な問題を内包しています。

2．全農改革

（1）全農の対応

2016（平成28）年11月11日の「規制改革推進会議」からの衝撃的な提言、「①全農の農産物委託販売の廃止と全量買い取り販売への転換、②全農購買事業の新組織への転換（いずれも１年以内）、③信用事業を営むJAを３年後目途に半減、④准組合員の利用規制についての調査・研究の加速」が行われました。

これを契機に全農改革が加速し、全農は生産資材価格の引き下げ（肥料の銘柄集約、ゼネリック農薬の活用等）、販売力強化（買取販売等）について2017（平成29）年３月の総代会で具体策を策定、また同年４月には「魅力増す農業・農村の実現のための重点事項等具体策の策定」が行われました。

上記の「規制改革推進会議」の意見では、①生産資材について、全農は仕入れ販売契約の当事者にはならない、全農は農業者に対して情報・ノウハウ提供に要する実費のみを請求する組織とし、１年以内に新組織へ転換すること、②また、農産物の販売については、１年以内に委託販売を廃止し全量を買い取り販売に転換すべきなど、およそ事業実態にそぐわず、まったくの空論ともいうべき内容も含まれていましたが、JAグループ挙げての反対運動の結果、さすがにそのような意見は採用されることはありませんでした。

全農では、政府の「農林水産業・地域の活力創造プラ」ンに基づき、全農改革の年次プランを作成して取り組むとして、2017（平成29）年３月28日の全農総代会でその内容を決めました。

情勢認識としては、農業者の高齢化、農村地域の人口減少、農業経営の規模拡大・法人化の進行と、一方で今後の農産物の国内消費の大幅減少の中で、米・野菜については、流通構造の変化が続き、主食用米は家計消費の減少と外食・中食等の増加、野菜は家計消費の減少、加工・業務用の増大が見込まれるとしています。

こうした情勢認識のもと、事業展開の基本的な考え方として、以下の内容をまとめました。生産資材事業（肥料）については、戦後の食糧増産政策を補完した肥料２法による「全国あまねく良質の肥料を供給する」という事業モデルを基本的に継承しつつ、新しいモデルとして共同購入の実を上げるようなシンプルな競争・入札等を中心とする購買方式に抜本的に転換する。

また、海外からの製品輸入の取り扱いを含め、業界再編に資する資材価格引き下げの改革を不断に実行して行くとしました。さらに、新事業モデルの実施にともなう、「価格と諸経費の区分請求」の事務は、肥料にとどまらず、他の生産資材も含めて2017（平成29）年度から順次実施して行くとしました。「価格と諸経費の区分請求」は、従来ペーパーマージンとして批判の的にされていた手数料の明瞭化を狙いとするものです。

販売事業（米穀・園芸）については、「誰かに売ってもらう」から「自ら売る」に転換するとしました。これは、JA の販売組織が従来、農産物販売の中間業者であったことからの脱却宣言と受け取れます。

米穀事業については、旧食管法の流通構造（全農は卸業者に玄米を供給、精米流通は米卸業者）のもとでの事業マインドが根強く、消費形態の変化や消費減少・飽和状態での最終実需である精米分野への進出が不可欠としました。

また、園芸事業では、従来の卸売市場の機能が無条件委託の価格形成・代金決済機能から予約相対取引等による価格形成機能に移行していくとしました。

このような情勢を踏まえ、販売事業の新しい事業モデルとして、米卸売業者や卸売市場経由主体の事業から、量販店や加工業者など実需者への直接販売を主体とした事業へ転換し、生産者の手取り向上を目指すとしました。さらに、こうした事業展開を実現するために外部人材の登用等全農の体制整備を図ることとしました。

以上のような取り組みの結果、2018年春肥用の高度化成・NK 化成肥料について、銘柄の集約（従来の約400から17への絞り込み）と、集約した銘柄への事前予約の大量に積み上げにより、基準価格より１～３割の価格引き下げの実現などの成果を上げています。

全農では、2017年度は肥料の銘柄集約や米の直接販売等について、ほぼ目標通りの実績を確保し、これを受けて2018年度の目標に向けて一層自己改革を加速させるとしています。

全農の場合は、農協改革の目標をすでに３か年計画や単年度事業計画に織り込んで実施に移しており、自己改革という文言は現実に即したもので、それほどの違和感はありません。

なお、農水省が農業生産資材価格の「見える化」を目指して同省の公式ホームページサイトに開設した農業資材比較サービス「AGMIRU（アグミル）」は、2017（平成29）年12月19日現在で全体の登録件数が2,250件で大きな広がりを見せていません。

同省の説明によれば、当初はアマゾンや楽天に農業生産資材の価格ドットコムのようなサイトの掲載を要請したところ、どのサイトも引き受け手がなく、その理由としては、この種の商品は、その成分や使い方に十分な理解が得られなければ値付け判断がうまくいかないということだったようです。

このことは、JA グループが主張していた、自然界に働きかける農産物生産にかかわる肥料や農薬などの投入材の価格比較は単純にはいかないということを裏づける結果となっています。

（２）屈辱的な「進捗管理」

今回の「規制改革推進会議」による提言のドタバタ劇で、全農改革について政府与党が進捗管理をすることで決着することになりました。その内容は、購買事業について共同購入の利点を最大化するための組織のスリム化や手数料の透明化、販売事業については、実需者への直接販売を基本として中間コストの削減、米などを念頭に委託販売から買い取り販売への転換を促すというものです。

また、これらのことについて、全農自らが年次計画や数値目標を公表して改革に取り組み、与党および政府がこれを定期的にフォローアップし、自己改革を進捗管理するとされます。

しかし、全農改革について「与党および政府が自己改革を進捗管理する」というのは、JAグループないし、それ以前の民主主義国家として、屈辱的というべきでものでしょう。全農が破産状態にあればともかく、これではまるで、北朝鮮なみの国家統制による政治です。

自民党は、安倍一強体制とはいえ、自らの政党理念に照らして恥ずべきことでしょうし、JAグループも自民党一辺倒の政治対応がいかに危険かを認識すべきです。

全農改革について、「推進会議」でどの程度の審議が行われたのか疑問ですが、その内容は、取りあえず以下のような指摘ができるでしょう。購買事業の生産資材について、物流はメーカーからJA（場合によっては組合員）につながっているのに、なぜ手数料を取るのかという、いわゆるペーパーマージン批判があります。

全農は自ら合理化を進め、説明責任を果たして行くことは重要ですが、だからといって与党や政府がその進捗状況を管理するというのは行き過ぎでしょう。

全農が協同組合として生産資材について共同購入を行い、一定のシェアを持っているのは当然のことであり、指弾されることではありません。これについて、全農は共同購入という名のもとに、組合員に利用を強制し高い価格の生産資材を売りつけているというのは、協同組合潰しのためにする議論としかいいようがありません。

価格は韓国に比べて高いことが指摘されましたが、価格設定には、生産方法や土壌・気候条件などが関わっており、単純にこれを比較することは適切ではありません。

要するに、全農の生産資材を利用するのは組合員の主体的な自由意思であることが大前提で、現にそのように運営されています。価格については、今やネット通販の時代であり、その公開性・透明性が主要課題とされるべきです。

また、買い取り販売については生ものを扱う農産物については、少なくとも卸の段階でこれを行うことはたいへん危険です。売り先もわからず買い取れば、在庫管理ができず、たちまち倒産状況になるでしょう。米についても同様で、かりに農協食管等を構想するのであれば財政負担から無理な相談でしょう。

したがって、全農に買い取り販売を強制しても、結局は売り先を先に見つけて形だけを買い取りにすることにしかならず、真の販売事業改革につながるとは思えません。このような発想はまさしくお役所仕事というべきです。

農水省が優良事例と推奨する「JA みっかび」のみかん販売は、そのほとんどが卸売市場への無条件委託販売であることを当の農水省はどのように説明するのでしょうか。販売事業強化は、買い取り販売か否かで判断されるのではなく、ブランドの確立こそがポイントです。

買い取り販売を形式的に進めても意味はなく、それよりも、従来のJA・連合会の販売事業のやり方を抜本的に見直し、生産から消費まで一気通貫のバリューチェーンをJA グループ自らの力で構築して行くことが重要でしょう。

販売事業については、激烈な産地間競争が行われ、産地・JA・連合会間でも利害相反の状況があり、実現には多くの困難がともないますが、その克服が求められています。

（3）事業の社会性

元・JA 全中専務理事の山口巖（1919～2014年）は、JA 運動に多くの業績を残しました。彼は政治感覚の鋭い人でしたが、一方で優れた事業家としての面を持ち合わせていました。

事業家としての一番の業績は、「自然はおいしい」というキャッチフレーズの農協牛乳の販売でした。今から45年も前になる1972（昭和47）年のことです。この年には今のJA全農が誕生しています。

今でこそ、成分無調整の牛乳は牛乳販売の常識になっていますが、それまでは、原乳不足という事情もあって、大手乳業会社などが店頭で販売する牛乳にはヤシ油などの増量剤が入れられていました。

この成分無調整の牛乳は消費者の圧倒的支持を受け、以降、牛乳販売の常識となって今日まで続いており、JAの社会的評価を高めるのに十分な成果をもたらしました。

この販売構想は、①成分無調整、②牛乳小売店から大手量販店への流通経路の変革、③ビンから紙パック容器への変更という三つの革命を同時に進めるものでした。

今では想像もつきませんが、それまでの牛乳販売はビン詰で専門小売店が自転車で戸別販売していました。ちなみに、この農協牛乳は全農本体ではなく、全農子会社の「全国農協牛乳直販株式会社」が販売しました。

「自然はおいしい」の農協牛乳は、日本の高度経済長期における、農産物に対する消費者の安全・安心の期待に応えるもので、まさに社会運動としての戦後農協運動の金字塔、協同組合イノベーションといって良いものでした。

山口は同時に、草創期のセブンイレブンのやり方をJAに持ち込む、「農村型セブンイレブン」の展開構想を持っていましたが、実現はかないませんでした。原因は、購買店舗機能を全国集約されることを嫌ったJA組合長の力でした。

かりに、この構想が実現していたら、今のJA生活購買事業の姿はよほど変わったものとなり、JAの社会的影響力は格段に高まっていたことは確実です。

山口は、政治感覚にも優れ、農地の宅地並み課税反対に論陣を張り、中曽根総理が行った衆参同日選挙において、衆参の国会議員全員に対して、JA の主張を支持するかどうかのアンケートを取る踏み絵作戦を決行しました。

これが中曽根総理の怒りを買い、国家権力による総務庁の「農協の行政監察」が行われ、JA は激しい攻撃の的とされました。この反省から、山口は農協運動と政治活動は一線を画すべしと主張し、これが後の全国農政協議会の発足に繋がっていきます。

同時に、JA 運動における政・官・団体のトライアングルには節度を持て、を口癖にしました。農協運動と政治活動の関係はむずかしい問題ですが、こうした教訓は忘れられるべきではありません。

いま農協改革が叫ばれ、当面の課題は全農改革に焦点が当てられています。こうした状況のもと、全農では、英国食品卸会社の買収、スシローへの出資など精力的な取り組みが進められており、JA 批判を逆手に取った取り組みは高く評価されます。

だが、こうした取り組みは、農協改革への対応というよりは、他企業との競争に勝ち抜く企業活動として当然とされるものです。

ところで、過日（2017年２月22日～27日）、「JA しまね協同のつばさ」の台湾訪問に参加させてもらった際に見た、台中の日本産農産物を扱う大型スーパーマーケット「裕毛屋」のオーガニック産品を売りにする店舗経営には、大きな衝撃を受けました。

日本でも有機農業の研究やその実践については、長い歴史があります。これまでのオーガニック産品の取り扱いの多くは、ネット通販や相対販売によるもので、「裕毛屋」のような店舗における徹底した取り組みは、おそらく例を見ないでしょう。

①残留農薬ゼロの検査を毎日行い、その経費として売り上げの３％をあてること、②加工品について食品添加物は一切含まれないものを扱うこと、③水産物について、養殖ものは扱わないことなど、その徹底ぶりは見事な

ものでした。

わが国は成熟社会を迎えて久しく、人口減少や米消費の減退などで農産物消費が全体として伸びる状況にはありません。一方で、農協改革によって、農産物生産・農業所得の拡大が求められています。このため、政府によって輸出の拡大などの取り組みが進められています。

しかし現実的な方策としては、農産物販売に付加価値をつけることが有力な手段となります。成熟社会においては、「安くて良質な農産物の販売」と同時に「価格が少々高くても超良質な販売」が求められています。

付加価値をつけるには、①加工を行うこと（「裕毛屋」では、売れ残り産品の加工販売にも取り組んでいる）、②有形・無形のサービスを付加することなどが考えられますが、「裕毛屋」のオーガニック農水産物販売の取り組みは、そのことを実践しています。

わが国では、消費者の立場から見て、戦後第３～４世代の食品アレルギー対策は急を要する事態になっており、純粋オーガニック農産物提供の店舗展開は消費者に大きな共感をもって迎え入れられるのではないでしょうか。

JA 事業は社会改革運動でなければならず、困った人々のニーズに応えるものでなければなりません。もちろん、この取り組みは従来の生産・集荷・加工・流通・販売のやり方を変えるものであり、リスクをともないます。

このため、JA・全農一体となった検討が必要になりますが、こうした取り組みにも果敢に挑戦して行くことが求められています。

３．信用事業分離―JA の代理店化

（1）代理店化の考え方

新世紀 JA 研究会の新総合ビジョン確立・課題別セミナーの第３回目（平

成28年12月９日）のテーマは「JAからの信用事業譲渡」問題でした。このセミナーで、農水省の経営局・金融調整課の山田貴彦担当官（組合金融グループリーダー）から事業譲渡―代理店化について説明がありました。

いうまでもなく、JAからの信用事業譲渡は今次農協改革の本丸であり、この問題の実質的な提案者である農水省から、はじめて内外にその考え方が明らかにされたという点で画期的なものとなりました。さすがに、この問題の重要性を認識しているJA役職員の皆さんの関心は高く、当日は、定員オーバーの盛況となりました。

今回農水省が明らかにした、JA信用事業譲渡に対する考えとは以下のようなものです。まず、JAを取り巻く環境について、人口減少と少子高齢化による営業地盤の変化、農業貸付の不振、金利低下による利ザヤの縮小と信用事業収益の減少、バーゼル規制による自己資本増強の要請等があげられています。

また、フィンテック（金融IT）の進展によって、既存の金融の仕組みに大きな変化をもたらす可能性が大きく、とくに金融店舗の必要性が大幅に低くなることが想定されるとしています。このような、JA信用事業を取り巻く情勢については、多くのJA関係者も認識を共有できるものでしょう。ですが、問題はここからです。

このような厳しい環境変化に対応するために、農水省は事業譲渡を選択肢として取り入れ、信用事業に関するリスク・負担を軽減するとともに、農業振興のために信用事業から経済事業に人的資源等をシフトすることなどして対応すべきと主張しています。

こうした農水省の考えに対して、参加者からは事業譲渡の道を選択すればJA信用事業はますます厳しい状況に追い込まれる、経済事業への人的資源のシフトなどは空論で、結局は人員整理にしかならないなどの意見が出されました。要するに、事業譲渡のメリットはなく、デメリットしか考えられないというのがJAサイドの受け止め方だったのです。

そしてここが肝心なところですが、一方で農水省は、今後信用事業収益の縮小傾向は確実で、農業者に対して安定的なサービスを提供して行くために、持続可能性の確保が必要とし、「自己改革の中で信用事業の将来像について今から検討を始め、農業者と役職員との話し合いを通じて早期に結論を得る」必要があり、検討に関しては、検討過程を含め、組合員はもちろんのこと行政等への説明が求められるとしています。

つまるところ、政府はJA信用事業の将来像について本格的な議論提起を求めているのであり、われわれはこの課題に真剣に向き合って行かなければならない状況にあります。議論にあたって留意すべきは、「自己改革」と「自主選択」に対する考え方です。

この点について、JAグループ内には、自己改革はJAが行うものであり、事業譲渡はあくまでもJAの自主選択でそのような道は取らなければ何ら問題はないといった雰囲気があるのは憂慮すべきことでしょう。

農水省の「自己改革」は総合JAの否定であり、われわれの主張とはまったく異なります。また、「自主選択」といっても、政策誘導によってこれが進められれば、それは空文になります。今後JAは信用事業譲渡について、早急にその影響やメリット・デメリットを実態に即して検証し、その対応策を考えて行くことが重要になります。

対応策は、①公認会計士監査において事業譲渡を勧告されないように体制を整備すること、②准組合員の利用制限と引き換えに事業譲渡を受け入れざるを得ないような状況をつくりださないようにすることです。

これらの対策は、JA自らが考え実行して行く以外に方法はありません。この点、政府がいうように、まさに、「自己改革の中で信用事業の将来像について今から検討を始め、農業者と役職員との話し合いを通じて早期に結論を得る」ことが必要になっています。

（2）JAグループの対応

農林中央金庫は、2017（平成29）年３月15日に「JAバンク基本方針等見直しの検討方向について～経営基盤確立等に向けた枠組み整備等～」をまとめ、組織討議に入りました。

具体的には、「29年度上期中を目途に、代理店スキーム（手数料水準を含む）の全JAへの説明を完了させる。各JAの信用事業運営体制のあり方検討（代理店の検討を含む）は、規制改革推進会議が５年間の農協改革集中推進期間としている平成31年５月までに結論を得る（組織として検討決定した形をとる）運びとしたい」としています。

2016（平成28）年３月のJAバンク基本方針の改定では、「JAが組織再編を行う場合、合併による取り組みが基本となることに変わりはないが、JAが営農経済事業に注力するため自ら希望して信連または農林中金への信用事業譲渡（代理店化を含む）を行う場合等について円滑な信用事業譲渡の実現を後押しするために必要な支援措置を設ける」としていましたが、今回の検討方向は、その内容とは、一歩も二歩も踏み込んだものとなっています。

それは、あくまで「総合事業経営の継続を前提としながらも、金融機関水準の高度な内部管理体制を総合事業体として確保する必要があるので、自前での内部管理体制の確保が困難な場合は組織再編（合併）を推進し、合併がどうしてもできない場合、事業譲渡スキームの活用を検討する」としているからです。

まさに政府から強要された、あの手この手の事業譲渡への政策誘導であり、これでは、いずれ経営状況から合併を必要とされない都市JAや中山間地の農業不利地帯のJAから順次事業譲渡をせざるを得ない状況に追い込まれることは必至な環境が整いつつあります。

JAにとって信用事業譲渡は、JAからの信用事業分離を意味し、そもそも、今後の信用事業運営の選択肢になるものではありません。

事業譲渡は、平成14年６月のJAバンク法制定の時に入れられた規定です。JAバンク構想はJA信用事業を全国一つの金融機関とみなす考えであり、それを実体として実現する方法が事業譲渡という手法でした。

JA全中をはじめJAグループは、JAバンク法制定時から組織再編の手段としてこの方法を使うべきではないということをきっぱりと意思表示をすべきでしたが、その取り組みは不十分なものであり、平成26年6月の「規制改革実施計画」で組織再編の手法としての事業譲渡の提案を許すことになりました。

今回の組織討議の提案に基づいて、それぞれのJAで検討が行われることになりますが、予想される代理店手数料では経営がますます悪化する、JAの信用事業が協同組合ではなくなるなどの意見が噴出し、事業譲渡を選択するJAはほとんどないことが予想されます。

検討を始めれば、JAの経営収支に及ぼす影響や、貯金が集まらない、思うような農業投資ができなくなるなど、JAの信用事業・経営ひいてはJAの事業・経営全体に深刻な影響が及ぶことが明らかになるからです。

問題はその先です。「規制改革推進会議」の考え方は、2016（平成28）年11月の農業ワーキンググループの提言通り、3年後には信用事業実施JAを半数にすることが狙いです。

理由などはどうでもよく、JAから信用事業を分離し、JAそのものを地域からなくすのがそもそもの目的なのです。

したがって、事業譲渡を望むJAが一つもなくとも、行政指導によってことが進められる公算が極めて高いでしょう。その時、声高に唱えられるのは、「営農指導・経済事業強化のためにせっかく事業譲渡の道を開いたのにJAにはその気がなく1件の要望もなかった」、「経済事業を兼営しているJAは内部統制が不十分で、とても一人前の金融機関として認めることはできない」というバッシングの嵐です。

そして、始末の悪いことに事業譲渡が公認会計士の監査意見として出される可能性が大ということです。設立されるJA監査法人はわれわれがつくる監査法人であり、ここでの監査を受ければ問題はないというのは楽観的にすぎると思われます。JA監査法人を監督するのは農水省ではなく、金融庁なのです。

また、准組合員の事業利用規制という大問題が残っており、准組合員の事業利用規制と事業譲渡のどちらを取るかの選択肢の提示も想定されます（農林中金に事業譲渡すれば農協法の制約はなくなり、組合員について正准の区別はなくなります）。

以上のことから、政府が農協改革集中推進期間としている2019（平成31）年5月までにJAグループが取り組まなければならない緊急の課題は明らかです。一つは公認会計士監査に耐えうるJA内部統制の確立を急ぐことであり、二つは、抜本的な農業振興方策、新たな准組合員対策の確立です。

さらに、JA運動の司令塔たる（一般社団法人）JA全中の体制確立も急がれます。

（3）信用事業分離―事業譲渡

①事業譲渡問題の争点―反対の理由

事業譲渡について、二つの見方があります。一つは信用事業の「破たん防止措置としての事業譲渡」です。この見方によれば、「今後の金融情勢を考えると、あらゆる場合に備えていざという時の支援措置としてこの仕組みを用意しておくことが必要である。事業譲渡はJAの自主選択であり、事業譲渡そのものに反対を唱えたり、これを否定したりするのはおかしい」ということになります。

もう一つは、今回の事業譲渡の提案は、JA信用事業の再編、JAからの信用事業分離を狙ったものであるという見方です。これは、「信用事業分離のための事業譲渡」というべきものです。

もちろん、われわれは、今回の事業譲渡は後者の見方、つまり信用事業の分離を狙ったものであることを問題にしなければなりませんし、JAはこの問題への対処を誤ると致命的な打撃を受けることになります。

そこで、最初に「信用事業分離のための事業譲渡」の本質的な争点について考えておきます。今次農協改革におけるJAからの信用事業の分離、その方法としてのJA信用事業譲渡にかかる最大の争点は、事業譲渡によってJAが営農経済事業に注力することが可能となり、それで農業振興がはかれるか否かということにあります。

政府は、信用事業を切り離せばJAが営農経済事業に注力するようになり、農業振興につながると考えています。これに対して、われわれJAグループはまったく逆に、地域によって温度差はあるものの、信用事業の兼営によって、かろうじて営農経済事業に注力する体制が可能となり農業振興に貢献できる体制にあると考えています。

政府が考えるように、事業譲渡が農業振興につながるのであれば、JAグループとしてもそれに協力すべきですが、地域のJA経営の実態を見ればとてもそのように考えることはできず、事業譲渡は単にJAを経営破たんに導くものでしかなく、多くのJAで農業振興どころではなくなるという事態が想定されます。

JAから信用事業分離することが農業振興につながらないとすれば、それは農業振興に名を借りたJA潰しの政策提案であり、ここに、われわれが事業譲渡に反対する最大の理由があります。農業振興に名を借りたJA潰しは、政府による今次農協改革の一貫した考え方です。

JA信用事業の農林中金への譲渡は、2002（平成14）年に制定されたJAバンク法（第４章）で規定されました。この法律は、JAの信用事業を全国一つの金融機関と見立てて運営し、体制を整備するという画期的なもので、第１条の目的にはJA信用事業の再編を謳っています。

JAバンク法制定当時、事業譲渡に関するJAグループの受け止め方は、一種のセーフティーネットという考え方であり、緊急時の避難措置というものでした。

JAの破たん防止のためとはいえ、JAではなくその補完組織たる信連や農林中金に事業譲渡するのが協同組合組織のやり方として適切かどうか議論のあるところですが、ともかくそれは、前述の「破たん防止措置としての事業譲渡」というものでした。

しかし、今次の農協改革での政府による事業譲渡の目的は、単に「破たん防止」に止まらず、「JA が営農経済事業に注力するため」となり、大きく変質してきています。

これは、JA が信用事業を手放せば農業振興が可能となるという政府の考えを示しており、われわれが主張する信用事業兼営がなければ農業振興はむずかしいとする認識とは真逆の方向に向かっています。

「規制改革推進会議」の議論では、「せっかく事業譲渡の道を開いたのに、その実施例は東京の島しょ部などごく例外的である。これは JA が農業振興に力を入れるつもりがない証拠だ」といわんばかりの議論が行われており、今や、事業譲渡は JA が農業振興に力を入れているか否かの踏み絵にさえされようとしています。

②信用事業の兼営と准組合員

JA は、正確にいうと総合農業協同組合です。総合農協とは、農水省の定義によれば信用事業を行う農協のことをいいます。JA の信用事業の兼営は、古くは1906年の産業組合法の第２次改正に遡り、この改正で、販売・購買・利用・信用の４種兼営の産業組合が生まれました。

以後、第２次大戦後の GHQ による農協法制定でも農協の信用事業の兼営は認められ、今日にいたっています。つまるところ、信用事業を行う総合 JA は、協同組合のビジネスモデルとして100年を超える歴史を持つ存在で、信用事業の兼営は、同じ協同組合である漁協でも認められています。

またここで注意すべきは、戦後の日本における信用事業の兼営は、准組合員とセットの存在であることです。アジアや中南米等でも、日本と同じ信用事業を兼営する農協が多いのですが、それは組合員のファイナンス上の理由からで、日本のように准組合員とセットになっている訳ではありません。

これは日本の農協が、組合員資格に制限が設けられていなかった戦前の産業組合の仕組みを引き継いできたからであり、農家ではない地区住民を、農業振興を旨とする農協の組合員として包含するために准組合員制度が誕生したという経緯があります。

このように、准組合員制度は、信用事業の兼営を認めた戦前の産業組合と密接に関連しており、今回、全国的に准組合員数が正組合員数を上回るという状況の中で、政府は一気にこの問題の決着をはかろうとしているように思えます。

他方、JAには遅まきながら、これまでの延長線でない准組合員への本格的な対応が迫られているというべきですが、JAが自己改革として進めている、「准組合員はパートナー」といった准組合員対策は、従来路線を踏襲したものであり、政府に対する有効な対策を打ち出すにいたっていません。

信用事業の分離論は、古くから存在し、国会でも平野貞夫議員私案などが出された経緯もありますが、今回ほど露骨な形でしかも実質的に政府の提案として出されてきたのははじめてです。

これまでも、バブル経済崩壊時の「住専問題」、総務庁による「農協の行政監察」などのJA批判が行われてきましたが、主務省たる農水省は常にJAの味方でした。しかし今回は事情が違い、農水省自らが信用事業分離を打ち出しています。

③事業譲渡という名の信用事業分離

2014（平成26）年6月の閣議決定による「規制改革実施計画」は、JAを将来的に専門農協にし、信用事業をJAから切り離すという明確なグランドデザインのもとに描かれています。

このグランドデザイン実現の条件整備は、今回の農協法改正でそのほとんどが措置され、残された課題は信用・共済事業の株式会社化です。

ですが、信用事業の株式会社化は、今後の金融再編にあたって金融庁も否定的とされており、そこで登場してくるのが、同じ「規制改革実施計画」に盛り込まれているJA信用事業の信連・農林中金への事業譲渡（JAの代理店化）です。信用事業の事業譲渡については、すでに、信用事業再編強化法（JAバンク法・2002年制定）として措置済みであり、新たな法改正は必要とされません。

そこで農水省は、JA からの信用事業分離について、事業譲渡に的を絞って本格的に進めようとしています。それは、遠い将来のことではなく、准組合員の事業利用規制の検討期間の５年以内に実現に持ち込まれる公算が高いと思われます。

現に2016（平成28）年11月11日の「規制改革推進会議」（農業ワーキンググループ）の農協改革に関する意見でも、「地域農協が農産物販売に全力をあげられるようにするため、農林中金は平成26年６月の与党とりまとめ・規制改革実施計画に明記されている地域農協の信用事業の農林中金等への譲渡を積極的に推進し、自らの名義で信用事業を営む地域農協を、３年後を目途に半減させるべきである」とその本音を明らかにしています。

また、すでに2016（平成28）年３月16日の農林中金総代会でも JA バンク運営の考え方を示す「JA バンク基本方針」が改定されています。「JA バンク基本方針」では、JA が組織再編を行う場合、合併による取り組みが基本となることに変わりはないが、JA が営農経済事業に注力するため自ら希望して信連または農林中金への信用事業譲渡（代理店化含む）を行う場合等について円滑な信用事業譲渡の実現を後押しするために必要な支援措置を設けるとし、また、事業譲渡を行った場合の情報システムについても、農林中金の子会社をつくることで対応することとしています。

さらに、事業譲渡を希望した場合の代理店手数料の試算、JA 支店の統廃合のシミュレーションなどが行われています。つまるところ、もはや政府にとって信用事業の事業譲渡は既定路線であり、いつでも実行に移される状態になっています。

こうした政府の動きに対して、JA および JA グループの動きはいかにもにぶい状態にあります。事業譲渡の影響について切迫感のある議論が行われている訳でもなく、事業譲渡は JA の自主選択であり、JA がその道を選なければ何ら問題はないなどというのんきな考えも根強くあります。

こうした議論は安易すぎます。第一、自主選択なら今の JA にはその必要性などまったくなく、どの JA もその道は選ばないでしょう。この点、バンク法制定時、JAには、事業譲渡は離島など信用事業の扱いが困難な場合のJAで、限定的な措置との受け止め方が支配的で、その後の政府の動きに意識がついて行っていないというのが実情です。

JAにとって事業譲渡の必要性がないことを考えると、自主選択はまったくの表向きの議論であって、農業振興のためという大義名分のもと、JAを事業譲渡に追い込むために、政府はすでに二つの道を用意しているように見えます。

一つは、人質にとられている准組合員の事業利用規制との天秤、つまり事業利用規制を取るか、事業譲渡の道を選ぶかの選択です。事業譲渡の道を選択すれば、農協法の制約がなくなり、員外利用規制や准組合員規制はすべてクリアできます。この点を考えると、信連への事業譲渡はあくまでも建前であり、本線は農林中金への事業譲渡となります。

もう一つは、公認会計士監査移行にともなって、内部統制等のレビューに耐えられないJAの事業譲渡の勧告です（事業譲渡すれば、事業規模にもよりますが、JAは公認会計士監査を受ける必要はありません）。

また、すでに「JAバンク基本方針」によってJAのレベル格付けによる事業譲渡も用意されています。以上を考慮すれば、事業譲渡はJAの自主選択などではなく、政府は、すでにそうせざるを得ない状況をつくりだしてきており、これらの道が発動されれば、JAは強制的に事業譲渡に追い込まれることになります。

もちろん、一概にJAといっても都市地帯・農業地帯・中山間地帯等で置かれた状況が異なり、とりあえずは譲渡を進めやすい都市地帯や中山間地帯などのJAから進められることも想定されます。

④信用事業分離の影響

一般に企業にとって、ファイナンスは最大の経営課題です。世界のトヨタ自動車も資金繰りに窮して倒産の危機に陥った苦い経験から、徳川家康の「しかみ像」よろしく「必要な時に必要な資金を」を社是とし、トヨタ銀行といわれる国内最大の13兆円の内部留保を持っています。

トマ・ピケティは、話題を呼んだ著書「21世紀の資本」において、「経済成長率よりも資本収益率が勝る」という大命題を、膨大な資料分析結果から証明しました。

ピケティ理論は、低経済成長のもとでの格差是正の経済政策に示唆を与えるものですが、他方でストックの重要性を指摘していると受け止めることができます。

ストックの重要性は、個人のレベルに引き直しても実感としてわかることで、貯金を多く持っている人の家計は安定しています。JA でいえば、経済事業はフローの世界であり、信用・共済事業はストックの世界です。JA は、信用・共済事業というストックの分野を兼営することで経営の安定性を保っています。

今や信用事業はマイナス金利で厳しい、だから兼営はやめた方がいいというまことしやかな議論は事態を見誤ります。金利の変動は循環要因であって構造的な要因ではありません。

また、スマホや AI（人工知能）を活用したフィンテック（金融 IT）の進展により、銀行の窓口機能の役割が縮小するので、これへの対応が迫られるといわれていますが、物理的な窓口の合理化は迫られるものの、利用者へのきめ細かな対応はますます重要になってきます。

信用事業を兼営する JA の総合事業は、JA がメンバーシップの組織であることを考えあわせると、これに対応できる時代を先取りした優れたシステムといえます。

以上は一般論ですが、JA から信用事業が分離されたら JA にどのような影響が及ぶのでしょうか。信用事業は、JA 経営にとって営農・経済事業などの赤字を補てんするとともに、経営体にとって必要な血液の役割（資金繰り機能）を果たしています。

そして何よりも、組合員にとって必要な営農資金を供給する重要な機能を持っています。事業譲渡の結果もたらされる決定的なことは、譲渡された信用事業分野（一部または全部譲渡）における経営権が資産・負債・資本とともにJAから農林中金へ移行することです。

別ないい方をすれば、Plan・Do・Seeの主宰権がJAから農林中金に移ることを意味します。この結果は、JAに二つのことをもたらします。一つは、JAの組織運営がボトムアップからトップダウンの経営に転換すると同時に、総合事業体として機能してきた組合員の組織活動と事業活動、事業間の連携・連動というJAの得意技を失うことであり、二つはこの分野が農協法の制約を受けなくなることです（農林中金に事業譲渡の場合）。

農林中金を本店とする上意下達の事業のやり方は、株式会社においては、むしろ一般的な方法でありその方が効率的という意見もあると思いますが、このやり方は競争相手の株式会社形態の都銀・地銀等が一枚も二枚も上手であり、JAは協同活動で組合員の願いを実現するという、自らのコアコンピタンス（他が模倣できない企業の中核能力）を放棄しては、勝ち目はなくシェアを奪われることは確実です。

それに、何よりも事業譲渡によって地域＝農業を離れて、農業振興という大義名分をなくしたJA信用事業は生き残っていくことはできません。

JAの信用事業を全国一つの金融機関と見なすJAバンクシステムは、JAがPlan・Do・Seeの起点となることではじめて協同組合としての特性・優位性を発揮できます。

たとえば、リーマンショックの際、1兆9,000億円という農林中金の多額の資本不足の危機を救ったのは、JAバンクシステムの指導を受ける立場のJAでした。

譲渡を受ける側の農林中金も、実際のところは信用事業分離のための事業譲渡の提案に当惑していますが、事業の許認可権を握る農水省には表だって逆らえないといったところが実情でしょう。

JA信用事業の2次組織として資金運用などホールセール業務を専らとしてきた農林中金は、いきなりJAに代わって本格的にリテール業務をやれといわれても、すぐにその機能を代替して行くことは困難です。

本格的な事業譲渡ははじめてのことであり、正確にその影響を予測することはむずかしいのですが、郵便配達（JAでいえば経済事業）のついでに貯金・簡保を集めるという、JAに似たビジネスモデルを持つ郵政事業は、事業分割によってJA全体の貯金量に匹敵する90兆円（35%減）もの貯金を失いました。

話半分としても、これが民間のJAであればひとたまりもありません。JAによって濃淡はあるでしょうが、全体としてみれば、譲渡による事業の停滞・減少によって代理店手数料は減額され、JA信用事業はすさまじい合理化を迫られることになるでしょう。

徹底した支店の統廃合が進められ、農業融資も極めて限定的なものになり、農業振興どころではなくなるでしょう。

⑤協同組合蔑視の政策と自己主張—早急な対応方策の確立を

もともと今回のJA改革は、農業振興の停滞・不振の責任を協同組合たるJAに一方的に押しつけるという誤った発想のもとに行われています。JAには、貯金や共済ばかりに力を入れているという批判への反省はあるものの、このような認識のもとに行われる改革は、農業およびJAに悲劇的な結末をもたらします。

事業譲渡による信用事業分離で農業振興に回す経費（現状では全国で1,000億円を超える営農指導の経費が、主に信用・共済の収益で賄われている）が失われるばかりか、資金繰りを含めて経営そのものがおかしくなります。それは、愛媛のみかん専門農協などの経営破たんをみても明らかです。

つまり、中・長期的に見て農業はますます疲弊し、地域における協同組合組織は崩壊することになります。総合JAは、日本人の知恵ともいうべき農業振興のための得難い社会装置になっているという認識こそが必要です。

一般に事業譲渡は、譲渡する側が余程の窮地に陥るか、余程の利益を得るかの場合に限られます。多くのJAにとってJAの信用事業譲渡はこのいずれにも該当せず、ただ信用事業分離のための政策意図のもとに行われようとしています。こうした権力に基づく行政措置は実体経済を無視したもので、うまくいくはずがありません。

そもそも今回の農協法改正は、協同組合は遅れた不効率な組織であり、農業振興の妨げになっているという協同組合蔑視の誤った価値判断に基づいているとしかいいようがないものです。

お上がいうならしょうがないといった権力におもねる態度は、組織を崩壊に導きます。森山裕氏（元・農水大臣）がいうように、今こそJAは協同組合としての存在意義をはっきりと自己主張すべき時です。

JA改革を自民党頼みにすることなく、協同組合運営のグローバルスタンダードたる協同組合原則の第7原則「地域への係わり」は日本の総合JAがモデルになっていることに自信を持ち自ら改革を進めることが肝要です。

自民党が議論している「JAの事業譲渡はJAの自主判断に委ねるべき」というのは、必ずしも信用事業分離の対策にはなるものではありません。もともと、事業譲渡は条件整備のために法的に準備されたものであり、強制されるものではないからです。

信用事業分離の事業譲渡をさせない方策は、まずはJA自ら考えるしかありません。「信用事業を営むJAを3年後に半減」等の提言が出されて慌てふためくのではなく、平素から対策を進め、そのうえで政治の力を結集して行くべきです。

対策の内容は、①公認会計士監査に耐えられる体制整備を早急に行い、事業譲渡の勧告が出されないようにすること、②准組合員に対する事業利用規制に対する対応方策を打ち出し、事業利用規制か事業譲渡かの二者択一の状況をつくりださないことです。

前述のように、2015（平成27）年2月の農協法改正前の政府との攻防では、政令で規制基準が出される一歩前まで追い込まれました。この攻防では、准組合員の事業利用規制をとるか中央会制度の廃止をとるかの二者択一を迫られ、あえなく中央会制度の廃止を飲まざるを得なくなりました。

その代償は取り返しのつかない大きなものでした。この経緯を考えれば、今後についても、政府から具体策が出された段階で勝負が決まる可能性大です。

残された時間は、刻々と少なくなってきています。JA 全中は、速やかに総合 JA の死命を制する「信用事業分離のための事業譲渡反対」の態度を鮮明にし、新たな対応策を打ち出して JA 運動をリードして行くべきです。

もちろん、そのバックグラウンドとして、農業振興の抜本策を打ち出すとともに、農業振興は一人農業者・農家のだけの努力では難しく、准組合員・信用事業の協力を得てはじめて可能なことを広く国民世論に訴えて行くことが必要です。そのためには、これまでの閉鎖的と受け取られる JA 運動からの脱却・意識転換が求められています。

（4）混迷化する代理店議論

JA 事業のうち、とくに信用事業と共済事業について、JA の代理店化が大きな議論の焦点になってきています。このうち、信用事業については、農水省が選択肢として方向を示し、これを受けて JA では本格的な組織討議が進められています。

今のところ、JA では信用事業の代理店化は JA の自主選択となっており、この方向を JA が選択しない限り問題はないという認識が一般的のようですが、それは大きな見当違いであることが、いずれはっきりしてくると思います。

信用事業の代理店化の方向は、最初は JA が営農経済事業に専念させるため信用事業の事務負担の軽減・リスク回避のために行うというのが理由とされました。

今この議論は、マイナス金利のもと金融機関の経営は厳しくなる、JA もその例外ではなく、破たん防止に備え JA を代理店にすべきというというようにその理由が微妙に変わってきています。

そしてその挙句の議論は、JA が農林中金に信用事業を譲渡し、代理店になったとしてもそれは他人に譲渡するわけでもなく、JAが引き続き総合事業を維持できるから問題はないのではないかということになってきています。

こうした議論の経過を見ていると、もともと、今回の政府によるJA改革の大きな目的は、信用事業のJAからの分離であり、その理由などはどうでも良いということがよくわかります。

JAでは農業振興ができない原因をJAにすべて押し付け、それを信用事業分離の理由にするのはけしからんという議論がありますが、政府はそのようなことは先刻ご承知であり、信用事業の分離ができればその理由は何でも良いのです。

ところで、最後の議論とされている、農林中金に信用事業を譲渡し、その代理店になったとしても、JAは信用事業を行うことが可能で、信用事業の兼営・総合事業は維持できるということについてどのように考えればいいのでしょうか。

確かに、協同組合組織としてメンバーシップの運営が保証される限り事業の進め方は、多様にあるのであって、集中・集権的な農林中金を本店とし、JAをその代理店とするやり方は一つの方法と考えられるかも知れません。

しかし、ここでわれわれが考えなければならないことは、協同組合はその形式が大事なのではなく、内容だということです。いくらJAが協同組合として残ったとしても、その内容が協同組合らしいJA主体の分権的な組織運営が行われなければ、それは協同組合の死滅を意味するといっていいのではないでしょうか。

ここで重要なのは、協同組合理念などという抽象的なものではなく、マネジメントとしての協同組合運営の優位性の確認です。リーマンショックの時に農林中金が1兆9,000億円の資本不足に陥った際に、後配出資によって単位JAがその危機を救ったのは記憶に新しく、これは系統信用事業が分権的な協同組合運営を行ってきた賜物によるものでした。今そのことは、過去のこととしてあっさり忘れ去られようとしています。

そもそも、経営学的に見て、リスクは集中管理した方がいいのか、分散管理した方がいいのかは、結論が出ているわけではありません。おそらくそれは、集中か分散かの択一論ではなく、さじ加減が重要ということになるでしょう。

JAは協同組合として、グループでJA主体の分権的な運営を行ってきたから今日の姿があるのであり、信用事業の代理店化によって形式的に兼営が維持できたとしても、それは事実上の信用事業分離を意味し、信用事業のみならずJA経営全体が壊滅的な打撃を受けることになるでしょう。

また、このことに関連して、JA共済事業についてはすでに代理店化されているのではないかという議論があります。かつて、JA共済についてはJAが共済契約の元受けを行い、県連・全国連に再共済を行うというのが事業方式の基本でした。

しかし、2005年施行の改正農協法によって、共済契約はJA・共済連の共同元受けとなり、共済責任の管理は共済連に一元化されています。JAには共済事業のバランスシートはすでになく、共済連が一元管理しており、JAは共済連から還元される付加収入によって損益管理を行っています。

信用事業については、JAの代理店化によって農林中金によるJAのバランスシートの一元管理をめざしていますが、共済事業についてはすでにそのことを実現しています。

共済事業はそのことに止まらず、事業推進にあたっての目標・実績管理までもが共済連によって行われる仕組みになっています。これではJA共済事業は、実質的に共済連の代理店になっているといっても過言ではないような運営実態にあります。

われわれは、何をもって信用事業の代理店化は良くないと異を唱えるのでしょうか。共済事業にとって代理店的運営は善であり、信用事業については悪であるというのは、両者の事業の性格の違いによるものだと言い張るのは、余りにも便宜的のように思えます。

共済事業こそが、助け合いの協同組合精神を具現した事業であるとか、協同組合がユネスコの世界無形遺産に登録されたことは喜ばしいなどと協同組合や共済事業を礼賛するのは良いとしても、協同組合がメンバーの困った人や地域のニーズを協同の力で解決していくという組織存在の基本を忘れては本末転倒です。

JA共済連には、面倒なことは共済連にお任せといったJAからの要望に安易に迎合することなく、JA主体の事業運営を保障する事業方式をいかに提案・構築していくかが求められています。

4．公認会計士監査への移行

（1）中央会監査の廃止

今回の農協改革・農協法の改正で、緒戦の最大のテーマになったのが、JAへの公認会計士監査の義務づけです。2014（平成26）年6月の「規制改革実施計画」の閣議決定以降、農協法の改正に向けて政府が最初に手掛けたのがJAへの公認会計士監査の義務づけでした。

この公認会計士監査への移行について出されてきたのが、今次農協改革の議論を特徴づけるイコールフッティングの議論でした。つまり、世間的にみれば中央会監査より公認会計士監査の方が一般的であり、公認会計士監査とのイコールフッティング議論を持ち出せば、従来の中央会監査を公認会計士監査へおきかえる議論に勝てると、最初から政府は考えていたのではないでしょうか。

すでに述べたように、農水省は、JA全中が自己改革案を策定した2014（平成26）年11月前の時点で中央会監査廃止の態度を決めていたのですが、このことは、この件に関する政府側の自信の表れを示すものだったと考えていいでしょう。

一方JA側の受け止め方は、この年の10月16日～17日に開催された「新世紀JA研究会」の第17回セミナー（JA愛知東）で、中央会監査の廃止について情勢報告が行われましたが、大方の組合長の意見は、「まさかそのようなことはあるまい、そのようなことはとても想像もつかないこと」などといった受け止め方でした。

しかし、その後の議論は、公認会計士監査移行へエスカレートしていき、「1996年に信金・信組に会計士監査を義務づけたときに、農協にも義務づけるはずだったのが、先送りになっていただけのこと」というように、公認会計士監査への移行はすでに既成事実であるかのような発言が政府から示されるようになっていきます。

自民党本部で開かれた農協改革等法案検討PT（2015年1月20日）で、農水省の奥原正明経営局長（当時）は、「農協監査が、将来にわたりずっと持つのかというのは不安がある」、「現場の意識改革というのは基本的なポイントだ。すべての理事が経営者としての自覚を持っているかというと、そうとは必ずしもいえない。責任をもって前進していただくには、どうするかがポイントだ。毎年監査やコンサルを受けてそれができるのかどうか議論してほしい」と述べています。

こうした発言の裏には、中央会監査は協同組合監査として本質的に指導監査であるという認識はまったく考慮の外にあり、それとは真逆にそのような考え方をしているから中央会監査は農家の所得向上や地域農協の自由な経営を阻害しているのだという協同組合全否定になるのです。

中央会監査は、産業組合中央会に監査部が設置〈1924（大正13）年7月〉されたのにはじまり、その後、産業組合監査連合会、戦後の全指連による監査を経て、1954（昭和29）年にできた中央会の事業として行われてきたという古い歴史を持っています。

一方、公認会計士監査は、前身の計理士法1927（昭和2）年に代わる、公認会計士法1948（昭和23）年により発足しています。前身の時代を含めれば、中央会監査と公認会計士監査は、ほぼ同じ長さの歴史を持ち、それぞれの役割を果たしてきました。

協同組合の社会的・経済的役割を一切認めない現政府には、このような協同組合監査の歴史的価値などは眼中になく、むしろこれを否定するものでした。

このような政府認識のもと、この問題について政府与党とJAとの間で、①監査の独立性、②業務監査と会計監査の連携の是非、③監査費用などについて議論がたたかわされました。

JAとしては、①中央会監査の独立性については、監査費用は一般賦課金で賄われており、監査の独立性は確保されている、②中央会監査における業務監査と会計監査の連携については、両者が連携・連動しているからこそ効果的な監査効果が得られている、③総合的に考えれば監査費用は割安などと反論しましたが、最終的に公認会計士監査とのイコールフッティング論を覆すにはいたりませんでした。

他方、今回の公認会計士監査か協同組合監査かの本質的な議論は、実は両者がもつ監査目的（合目的性）の相違にあります。協同組合監査は、特定のメンバー（組合員）に対して、適切な経営管理が行われ、サービス提供が行われているかを目的にして監査が実施されます。

これに対して公認会計士監査は、不特定の投資家に対して企業への投資判断が適切に行われることを目的にしています。こうした監査の目的と、会社や協同組合の役割についての議論が行われるのが前提とされるべきでした。

しかし、政府はそもそも協同組合の社会的役割を認めようとしていませんので、こうした監査目的についての議論は意図的に避けられました。今回の農協改革は、協同組合を全面否定するために行われているものであり、ここでも協同組合否定の公認会計士監査への移行が強引に行われたのです。

中央会監査を廃止すれば、その実施主体である中央会制度は不要という理屈が成立します。中央会監査を公認会計士監査として外出ししても中央会制度は残す、制度は廃止しても県中・全中を同じ連合会として位置づけるなどの選択肢もありましたが、標的を全中破壊に絞った政府にはそうした案など眼中になく、一気に全中の一般社団法人化が強行されました。

なお、政府は、全中の監査から会計監査人の監査への移行に関し、改正農協法の附則で、次の事項について適切な配慮を行うとしています。①新たな監査法人等が円滑に組合に対する監査の業務を開始し、及びこれを運営することができること、

②会計監査人の監査を受けなければならない組合が、会計監査人を確実に選任できること、③会計監査人の監査を受けなければならない組合の実質的な負担が、増加することがないこと、④農協監査士に選任されていた者が、組合に対する監査の業務に従事することができること、⑤農協監査士に選任されていた者が、公認会計士試験に合格した者である場合には、農協監査士としての実務の経験等を考慮され、円滑に公認会計士となることができること、⑥全中の監査から会計監査人監査への円滑な移行をはかるため、農林水産省、金融庁その他の関係行政機関、日本公認会計士協会及び全中による協議の場を設けること。

一社全中については、附則で社員たる組合の意見の代表、社員たる組合相互間の総合調整を行うことを主たる目的とすることが盛り込まれました。

政府組織が国家権力を使って協同組合組織の破壊に乗り出した今回の農協改革で、われわれの意見を通していくことはたいへんむずかしいことでしたが、監査問題についてみれば、反省すべき点もあります。

それは、協同組合の指導監査について、非営利法人たる協同組合として独自の監査基準を研究・開発してこなかったことです。これまで、中央会監査は、業務監査と会計監査が連携・連動して行われ、JA経営の安定に貢献してきたことは疑いのない事実ですが、監査基準については独自のものを持たず、専ら公認会計士監査の監査基準に基づいて監査を行ってきました。

これでは、非営利法人たる農業協同組合の存在を組織内外で確認するには十分でなく、非営利組織としての協同組合の監査基準の検討は、今後における大きな課題といえるでしょう。

この点に関連し、組織のマネジメントについてのP・ドラッカー（1909～2005年）の指摘を参考までに述べておきます。

①組織とそのマネジメントにとって、成果の尺度は生産量や利益だけではない。マーケティング、イノベーション、生産性、人材育成、財務状況のすべてが組織の成果にとって、さらに組織の存続にとって重要である。

② NPO といえども、それぞれのミッションに応じた成果の尺度がなければならない。人の健康度と成果を測るには、多様な尺度が必要である。同じように、組織の健康度と成果を測るには、多様な尺度が必要である。

③成果は常に測定できるようにしておかなければならない。少なくとも評価できるようにしておかなければならない。もちろん、その成果を改善していかなければならない。

④そして、最も重要なこととして、組織にとって成果は常に組織の外にある。企業にとっての成果は顧客（組合員：筆者）の満足であり、病院にとっての成果は患者の治癒であり、学校にとっての成果は、生徒が何かを学び10年後にそれを使うことである。組織の内部に発生するものはコストに過ぎない。

（参考：全国農協中央会『農協中央会監査制度史』1986年）
（引用：P・F・ドラッカー『経営の真髄』ダイヤモンド社　2012年）

（2）イコールフッティング

2014（平成26）年５月に在日米国商工会議所は、日本政府に対して、「JA グループは日本の農業を強化し、かつ日本の経済成長に資する形で組織改革を行うべき」という意見書を提出しています。

同年６月には政府による「規制改革実施計画」が閣議決定され、一連の政府による農協改革が進められてきているのは周知の事実です。

こうした米国の要請で農業・農協改革が進められているのは、誠に憂慮すべきことですが、この政策を進めるうえで使われる常套句がイコールフッティングという概念です。

イコールフッティングとは、同じ立場に立つということで、「商品やサービスの販売において、双方が対等の立場で競争が行えるよう、基盤・条件を同一に揃えること」を指すとされます。

もちろん対等の立場で物事を進めることは、公平の観点から重要なことと思われます。しかし、ここで注意すべきは「立場」です。よく指摘されるように、世の中は、公的セクター、営利セクター、非営利セクターの三つのセクターで成り立っており、それぞれのセクター（領域）における役割を発揮するため、政府などの公的機関、株式会社、協同組合などの組織が活動を行っています。

こうした組織は、歴史的にみて自己保全・競争・助け合いという人間の本性（Human Nature）によってつくられたもので、イコールフッティング論の前に公的セクター、営利セクター、非営利セクターというそれぞれの立場が優先されるべきです。

いま安倍政権によって行われている政策は、この人間の本性のうちの競争原理一辺倒のもので、しかもこの政策は、公的機関たる政府の後押しによって行われています。

これでは、助け合いの本性に基づく協同組合はひとたまりもありません。営農・経済分野だけに利益原理を導入する木に竹をついだような農協法の改正や、さらには全農の株式会社化、JA からの信用事業分離が進められ、また農業競争力強化支援法など農業分野も競争原理一色です。

ひるがえって、健全な福祉社会は、人間の本性たる自己保全・競争・助け合いの原理をバランスよく取り入れたものであると考えられます。

競争原理一辺倒の政策は、いずれ修正されることになり、社会的・経済的にまったく無駄な政策というべきでしょう。

いま行われているイコールフッティングという考え方は、自己保全・競争・助け合いという、人間の Human Nature の「立場」を一顧もすることなく、競争原理一辺倒の政策を後押しする方便に使われていることの非を正すべきです。自己保全・競争・助け合いという組織の「立場」を踏まえたうえで、その役割発揮を促すことこそが福祉社会の実現に繋がります。

一方で、反論する側にもそれなりの理論武装が必要です。この点、JAは政府に守られてきた組織であり、対応が極めて不十分というべきです。協同組合が理想社会をつくる、何が何でも協同組合を守れ、協同組合こそが正義だといわんばかりの論調では、別の目から見れば、しょせんJAは協同組合という組織の利益擁護団体だと受け取られかねません。

つまるところ、協同組合は守られなければならないという議論では不十分で、どのようにしたら協同組合が守られるかという議論を巻き起こすことこそが重要です。

（3）みのり監査法人の設立

JA・連合会に公認会計士監査を義務づける改正農協法の施行にともない、JA全中の内部組織である全国監査機構を外出しして公認会計士法に基づく監査法人を新設することになっていましたが、その新法人である「みのり監査法人」が2017（平成29）年6月30日に設立登記を行い、7月3日から業務を開始しました。

農協法の改正で貯金量200億円以上のJAや連合会は、2019（平成31）年10月以降は公認会計士監査が義務づけられます。

今回の農協改革の議論で、農水省が2015（平成27）年2月にとりまとめた改正農協法の「法制度の骨格」のなかで、政府は「信用事業を行う農協（貯金量200億円以上の農協）等については、信金・信組等と同様、公認会計士による会計監査を義務づける」としました。

そのうえで全中の全国監査機構を外出しして、監査法人を新設し、JA・連合会はその新設法人か、他の監査法人の監査を受けることになると整理しました。

みのり監査法人はJAや連合会の監査経験を持つ公認会計士を中心に17名で発足。理事長の大森一幸氏は、あずさ監査法人でおもに監査業務の品質管理を担当してきました。

「監査先として全国の農協等を想定し、それにフォーカスした法人運営を行う。高品質の監査業務の提供で地域経済に貢献したい」としています。

同法人は、農業協同組合監査士（農協監査士）のパートナーとして公認会計士が連携し、その相乗効果で農協・連合会の事業に精通した高品質な監査業務の提供をめざします。

移行期間中である2019（平成31）年までの２年間は監査証明業務を行わず、県中央会の監査部などと連携し、公認会計士監査に向けたJAごとの事業特性に合わせた内部統制体制の構築や、県中監査部のレベルアップなどをはかるとしています。

一方、全中・県中は新制度に対応して、各県・JAごとに必要となる農協監査士数を検討し、同監査法人の体制を整える準備も進めています。

JA等に公認会計士監査が義務づけられるのは、2020年３月決算からです。同監査法人は、全国600JAと連合会を監査できる体制として公認会計士50人を中心に、農協監査士を含め最終的には500名体制を構築することをめざしています。

多くの監査法人が、公開会社や証券市場に新規公開する企業などに対して国際的な監査業務を提供している路線とは一線を画して運営を行うとしています。

（引用：『JAの活動ニュース詳細』JACOM　2017. 07. 04）

５．JA全中の一般社団法人化

（1）中央会制度の廃止

今回の改正で、改正前の農協法第３章が削除され戦後のJA運動の司令塔の役割を果たしてきた中央会制度は廃止されることになりました。今回の規制改革会議の議論は、農協批判というよりはそれを超えて協同組合そのものを否定することに大きな特徴を持ちます。

中央会制度の議論については、その存在自体を根底から覆すもので、とくに中央会関係者にとってまさに驚天動地の内容となりました。多くの人は行政側がまさかこの制度を不要と考えることはないだろうと考えていただけに、大きな衝撃を与えることになりました。

中央会制度（前身は全指連）は1954（昭和29）年に農協法に盛り込まれて発足しました。目的は、「組合の健全な発達を図る」という極めてシンプルなものです。

その背景には、再建整備法ができるなど農協の経営不振への対応がありました。中央会は、農水省の別働隊として経営指導に当たらせるという意図のもとにつくられた感の強い組織であり、都道府県中央会や組合の全国中央会への当然加入や会員への賦課金徴収権の明記、監査の実施など強い権限を持っていました。

そして何より、県中と全中は、形態は別組織でしたが、実質的には全国一つの組織体として機能するという強力な体制を持っていました。

設立に当たり、農水省は全中の初代会長として荷見安（1891～1964年）を送り込みました。彼は、歴代農林次官のなかでも抜きんでた実力者で「米の神様」といわれた人物です。こうした経過をみても、中央会にかける当時の農水省の強い意気込みが伺えます。

その後、中央会は食糧管理制度のもとでの米価闘争やその後の減反政策、農協合併、監査・教育事業の取り組みなどを通じて大きな役割を果たしてきました。

今回の中央会制度の見直しは、発足から半世紀がたち、中央会の役割も変化してきており、とくにJAへの全国一律の経営指導はもはや必要がなくなってきたとの判断があるとされています。

こうした表向きの理由のほか、中央会の農政活動（政治活動）の排除などその理由は様々に考えられますが、中央会制度の廃止とは、つまるところ行政にとって中央会はこれまでに比べ必要性が薄い存在になってきたということでしょう。

（2）協同組合と教育（教育の放棄）

今回の農協改革・農協法改正の議論を通じた際立った特徴は、協同組合論の不毛です。それは、農水省だけではなく、JA および、研究者などその応援団にもいえることです。

たとえば、教育無視について、いち早く警鐘乱打したのは、東京農工大学名誉教授の梶井功氏でした。氏は、平成13年の農協法改正で、第10条1項の農協が行う事業から教育の文言が消されたことをいち早く指摘しました。

この指摘に、大方の協同組合研究者はさほどの反応を示さなかったし、全中をはじめとする JA 関係者は、問題の所在さえわからないという有様でした。

今回の JA 改革に関して、全中がつくった「自己改革方策」では、全中の機能を、①経営相談・監査、②代表、③総合調整の三つに集約するとして、教育は除かれました。

ここに協同組合論不毛の極地があり、全中は、梶井氏の警告を教訓としないばかりか、自ら教育機能を放棄しました。こうした背景には、教育をワン・オブ・ゼム（多くの中の一つの）事業としてしかみておらず、この期に及んで、あれもこれも、主要機能に入れる訳にはいかないないという、教育軽視の考えがあります。

いうまでもなく、教育は協同組合にとって特別の意味を持っており、教育は協同組合運動を進める手段ばかりでなく、その目的ともされます。

全中は、この時点で自らの機能を前述の三つに絞りましたが、それは自ら JA 運動の司令塔という自覚に欠け、ひたすら自らの組織の生き残りをはかったといわれても仕方がない内容でした。

全中は、なぜ、教育機能の発揮というバックボーンなくして代表・総合調整機能を発揮できないという、初歩的なことに気が付かなかったのでしょうか。

農水省は、全中がつくった「自己改革方策」のこうした重大なミスを見逃しませんでした。農水省は「自己改革方策」のすべてを否定しましたが、このことだけはしっかり採用し、早速、この三つの機能を、都道府県中央会の主要機能として農協法上に規定しました。

そこには、当然、教育機能は記されていません。協同組合を否定するには、法律上、教育機能を抹殺することが最も効果的なことを、当の農水省こそが、しっかりと自覚していたのです。かくして、農水省は、10年以上をかけて農協法から教育という文言をすべて消し去ったのでした。

関連していえば、「自己改革方策」で全中の経営指導を相談機能に矮小化したことも不可解です。協同組合がこの世に存在するのは、「協同組合原則」という組織の運営方法を持っているからであり、組織の運営方法つまり経営指導は、JA にとって、その生命線を握るものです。

経営指導機能は、決して経営相談に矮小化されてはならず、教育と同様、中央会は経営指導なくして、代表・総合機能を果たすことはできません。経営指導と教育の関係は、経営指導が教育に生かされ、また教育によって適切な経営指導が行われるという、密接な相互の関連を持っています。

全中は一般社団法人に、県中は連合会となりますが、いずれも改正農協法（農業協同組合等の一部を改正する等の法律・平成27年9月4日法律第63号）の附則の位置づけであり、今後、中央会は指導機能発揮について、農水省の後ろ盾を期待することはできません。

中央会の味方はJAであり、中央会はJAとよく相談・協議し、農政、広報事業とともに経営指導、教育事業をせめて中央会の付帯事業と位置づけ、自主自立の精神で、全中・県中一体となった指導体制を構築していくことが重要です。

（3）一般社団法人 JA 全中のあり方

旧農協法で定められていた中央会制度は、戦後の JA 運動を支えてきた JA にとっての根幹の仕組みでした。この制度の廃止は、今後 JA にとって計り知れない影響を及ぼすことになります。

これまでJAは法的位置づけによる農水省による後ろ盾のもと、農水省と一体になってJAの指導にあたってきましたが、今後、2019（平成31）年の９月末までにこれまでのような、特別法の裏づけのない会員制による一般社団法人（改正農協法の附則で、社員である組合の意見の代表・社員である組合相互間の総合調整機能を持つ）に移行することになります。

JA全中は、一般社団法人への組織変更に向け、2017（平成29）年２月に「一社全中のあるべき姿」を取りまとめ、同年３月の全中総会に報告しました。報告書に見られる一社全中の姿は、現在の全中の苦しい立場を反映したもので、誇り高き協同組合運動の司令塔というイメージからは程遠く、農業者・JAの利益体現団体という印象を強く受けます。

JA経営が困難さを増す中で、会費の徴収という現実に直面しながら将来像を議論していくことは極めてむずかしいことですが、今後ともオープンな議論をJAに投げかけ、しっかりした将来像を構築していくことが求められています。

「一社全中のあるべき姿」の概要は、次の通りです。

①一社全中の基本的なコンセプト

○ JAの代表者として、全国機関の連携強化の要となる。

○もって、JAグループ全体の代表機能、総合調整機能を向上させる。

○農業者の代表として、国政等に意思を反映するとともに、国民理解を醸成する。

○ JAの継続的な改革を支援する。

○以上につき、原則として、県中央会をバックアップ、経由する。

○これらを可能とするガバナンスと財政基盤の確立、人材確保を期する。

②機能・事業（機構）のイメージ

③ガバナンス（会員関係、役員体制、機関会議・組織体制）

④財政基盤（現状：経常的な事業にかかる賦課金約6,000百万円）

⑤県中央会のあり方をふまえた体制

⑥新監査法人との関係

⑦人材育成・確保

⑧関連団体

⑨その他（一般社団法人への組織変更にかかるスケジュール）

機能・事業（機構）のイメージ

現状		新しい機構
・農政部		・農政部門
・農業対策部		・広報部門
・広報部		・JA経営支援部門
・営農・経営戦略支援部	→	（営農経済、くらしの活動、教育等の分野に
・教育部		ついて、事業を集約し再編）
・組合員・くらしの対策推進部		・総合企画・総務部門
・経営指導部		・情報システム部門（一部・別法人化）
・情報システム対策部		
・JA全国監査機構		（JA全国監査機構を監査法人化）
・総務企画部		

第Ⅲ章

いま、JAに問われていること

以上の経過を踏まえ、いま、JAに問われていること（今次JA改革の総括の視点）について考えてみます。政府がいう農協改革の集中推進期間の2019（平成31）年5月までに、もうたった1年しかありません。

JAサイドは、JA全中がひたすら自己改革を進めるといっているだけでその先が見えません。今次農協改革は、新自由主義によるアベノミクスの推進、アメリカ資本の要請などが背景になっていますが、基本的には、JA自らの組織の根本問題を問われているとの認識が必要です。

これからJAの将来展望を考えて行かなければなりませんが、それにはまず従来JAがとってきた、JAは職能組合と同時に地域組合の性格を持つという「二軸論」からの脱却、つまり農協論の再構築が不可避です。

これからの最大の課題は、准組合員の事業利用規制ですが、これに対抗するにはどのような理論武装が必要でしょうか。JAは、これまで農業振興への取り組みだけでなく、信用・共済事業などを展開することで、大きく発展してきました。

二軸論は、JAが、農協法で認める総合事業とりわけ信用事業、共済事業を進める上で必要とされる現状説明的なJA論でした。JAの今の自己改革は、従来路線の二軸論に基づいていますし、学者研究者の中には、今でも二軸論の正当性を唱え、農協法に地域組合を埋め込む法改正を要望すべきと主張する人もいます。

しかし、今後この二軸論で政府や世論と対抗できるのでしょうか。二軸論を展開し、JAが地域組合の性格を持つというのであれば、その部分は、信用組合や信用金庫、生協などに分離した方が良いのではないかというJA分割論を誘発しないでしょうか。

否それ以上に、二軸論で信用・共済事業を伸ばし、准組合員を増やしてきたから今回のような事業利用規制の状況を招いたと考えるべきではないでしょうか。

このように考えると、JAは法律で認められたことをやってきており、何も悪いことをしていないと考えるのはともかく、JAは地域組合としての性格を持つから、信用・共済事業の推進やそのための准組合員の拡大は当然だということでこれをすすめ、今にいたってもその正当性を主張するのは、あまりにも独善的に過ぎるといえるでしょう。

今回の准組合員の事業利用規制は、政府が画策するJA潰しの一環であり、農協法で認められた准組合員の事業利用に制限をかけることは認められないといってもそれには限界があります。何故なら、この議論の背景には、総体として准組合員の数が正組合員の数を上回るという実態があるからです。

JAサイドも、いずれこの問題には本格的な議論が必要との認識があったのでしょうが、この議論を進めれば職能組合論に軍配が上がることを恐れ、息をひそめていました。今回、政府が先手を打ってこの問題を提起してきた以上、腰を据えて路線転換の議論を始める必要があります。

詳細は各論で述べますが、その基本は、二軸論を撤回し、原点に戻ってJAが農業振興を旨とする組織であることを再確認したうえで、正・准組合員が力を合わせて農業振興を実現して行くというポスト平成時代の将来ビジョンを確立していくことでしょう。それ以外に方法はなさそうです。

一方、今回の農協改革は、良い意味でも悪い意味でも戦後70年の総括を迫っています。その意味で、まずJAにとっての戦後70年の歴史を簡単に振り返っておきます。

……………………………………………………………………………

〈戦後70年を顧みる〉

1．戦後体制の確立と高度経済成長

（1）戦後体制の確立〈1945（昭20）～54（昭29）年〉

戦後体制の確立は、連合国軍最高司令官総司令部（GHQ）によって行われました。一連の民主化政策のもと、新憲法が発布され、財閥が解体されました。農業・農協については、農地解放・農地改革が行われ、地主制度の解体と自作農創設が進められ、農協法が制定されました。

農協は、産業組合から戦時農業会を経て、業種別のタテ割り法制に再編されたが、信用事業兼営の総合農協の姿は残り、准組合員制度がつくられました。また、戦後の食糧難で食糧増産計画が進められ、コメは配給制度がとられました。

この間、経済は、朝鮮戦争特需で急速に回復し、早くも56（昭31）年には、経済白書に「もはや戦後ではない」という記述が見られました。一方、戦後のインフレ終息のためにとられたデフレ政策の下、戦時農業会の不良資産・債権を引き継ぎ、小規模組合が乱立した農協は極度の経営不振に陥りました。

農協は自力更生がかなわず、農林漁業組合再建整備法51（昭26）年、農林漁業組合連合会整備促進法53（昭28）年、農協整備特別措置法56（昭31）年など一連の法的整備（再建３法）によって再建が進められました。また、54（昭29）年には、それまでの指導連に代わって中央会制度が発足しました。

中央会は、農協法73条に規定され、初代全中会長には、コメの神様と呼ばれ、歴代農林次官の中でも抜きんでた実力者であった荷見安が就任しました。農協は、52（昭27）年に第１回全国農協大会を開催し、農協の指導強化を要請し「農協の刷新強化」を決議しましたが、中央会の法整備はそれに応えるものでもありました。

中央会制度の発足と連合会の整備促進のなかで編み出された「整促事業方式（整促７原則）」は、その後、今日にいたるまで農協の発展を支えてきたといっても過言ではなく、その内容については後述する通りです。

（２）高度経済成長〈55（昭30）～73（昭48）年〉

国民所得倍増計画〈61（昭36）年〉、オリンピック開催〈64（昭39）年〉のもと、日本は高度経済成長の時代に入り、日米安保条約が改定〈60（昭35）年〉されました。

また、61（昭36）年には「農業基本法」が制定され、食管制度のもと、農協は飛躍的な発展を遂げることになります。コメの販売代金が自動的に農協の貯金口座に振り込まれる仕組みの中で信用事業兼営の総合農協が有効に機能し、米肥農協と呼ばれました。

営農面では、農業生産の選択的拡大の掛け声のもと、「営農団地構想」〈62（昭37）年〉が力強く推進されました。

米価（生産費・所得補償）闘争が世間の注目を浴び、農協は総評、医師会とともに、３大圧力団体と並び称されました。農工間の所得均衡をめざす農業基本法が制定されたものの、農村から都市へ大量の労働力が流出し、三ちゃん（じいちゃん、ばあちゃん、かあちゃん）農業と呼ばれる総兼業化が進みました。

同時に、コメ生産は増産と消費減退で減反を余儀なくされ、その後に続く本格的な生産調整の端緒がつくられ、総合農政が推進されました。JAグループは、JA 全国大会で「農業基本構想」〈68（昭43）年〉、「生活基本構想」〈70（昭45）年〉を相次いで決議し、組合員の営農と生活の向上を車の両輪として進めることを高らかに宣言しました。

また、69（昭44）年には協同組合短期大学が廃止され、新たにJA 全中直営の「中央協同組合学園」が開校されました。70（45）年には、大阪万博が開かれています。

72（昭47）年には、全購連と全販連が合併し、全農が誕生しました。

「列島改造論」に象徴される都市化の進展は、農村から都市への労働力の流失と地価の高騰を招き、農業・農村は大きく姿を変えました。農協の役割も変化し、「職能組合」と「地域組合」という考え方の相違を生む素地がつくられました。

今回の農協法改正で、再びこの問題が議論されなければならない事態となっています。公害問題を引き起こし、狂乱物価を招いた高度経済成長は、中東戦争勃発によるオイルショックで終焉を迎えます。

２．安定成長・バブル崩壊とグローバル社会の進展

（１）安定成長・バブル崩壊〈74（昭49）～91（平３）・93（平５）年〉

高度経済成長期後の農政は、本格的なコメの生産調整に移っていきます。自給力の向上と安定輸入をめざす総合食料政策〈75（昭50）年〉が展開され、80（昭55）年には、80年代農政の基本方針が示されました。同時に、

水田総合利用対策、水田利用再編対策（第1期～第3期）が実施されました。82年には宅地並み課税対策（長期営農継続農地の農地並み課税）が実施されました。

85（昭60）年には、円高・ドル安誘導のプラザ合意が行われ、内需拡大、市場開放、金融自由化をめざす「前川レポート」が出されました。こうした状況のもと、農産物自由化が進められ、88（昭63）年に牛肉・オレンジについて日米・日豪交渉が合意し、93（平5）年には、ガットウルグアイラウンド交渉で、コメの部分開放が決定されました〈98（平10）年に関税化〉。

JAでは全国大会で「協同活動強化運動」〈77（昭52）年〉、「日本農業の展望と農協の農業振興方策・系統農協経営刷新強化方策」〈61（昭58）年〉などが決議され、将来的な農業生産の再編成（80万HAの水田転作―全国生産販売計画の立案）、JAの経営強化策が打ち出されました。

また、1,000農協構想を示した「21世紀を展望する農協の基本戦略」〈88（昭63）年〉をうけ、将来的に系統農協を2段階制とする「農協・21世紀への挑戦と改革」〈91（平3）年〉 が決議されました。

また、全中の総合審議会〈1985（昭60）年〉で、①農協合併推進方策、②組織・制度、事業運営の将来方向、③情報対策について諮問・答申され、②について、一戸複数組合員（青年・女性の加入）の推進、准組合員加入促進などが盛り込まれました。

この時期の農協組織は、合併（4,000JAから1,000JAへ）による規模拡大と一段の「地域組合」化の方向が進められたことに特徴があります。

1992（平4）年の農協法改正で、JA経営は商法の全面準用となり、①理事会と代表理事制の法定化、②員外理事枠の拡大、③理事と使用人の兼職可などが規定され、管理体制の近代化がはかられました。

このほか、88（昭63）年の総務庁の「農協行政監察」、92（平4）年からの「JA」の呼称使用などが行われた。74年から始まった安定成長は、プラザ合意による円高・ドル安誘導と内需刺激策としての金融緩和によりバブル経済を引き起こし、やがて崩壊にいたります。

（２）グローバル社会の進展―失われた20年〈94（平６）年～〉

東西ドイツ統合90〈(平２）年〉、ソ連崩壊〈91（平３）年〉、インターネット上陸　〈93（平５）年〉で、日本も一挙にグローバル社会の波にのまれていきます。JA でもバブル崩壊のつめ跡は大きく、住専問題の処理に追われました。住専会社への公的資金の投入を契機に、「住専問題は農協問題」などという言われなき農協批判が行われました。

また、三菱自動車のリコール隠しや食品業界における偽装事件など企業倫理・コンプライアンスが問われる事件が多発しました。01年には、BSE（牛海綿状脳症）が発生し、03（平15）年には食品安全基本法が制定されました。

94（平６）年に、農政審から「新たな国際環境に対応した農政の展開方向」が示され、95（平７）年に「新食糧法」施行（食糧管理法廃止)、97（平９）年に「新たな米政策大綱」が発表され、99（平11）年には、「食料・農業・農村基本法」が制定されました。

さらに、2002（平14）年に「米政策改革大綱」が決定され、03（平15）年に食糧庁が廃止されました。09（平21）年には所有から利用に重点を移す農地法の改正が行われています。

2000（平12）年に WTO 農業交渉開始が開始されたが合意にいたらず、代わって14年には日豪経済連携協定（EPA）が合意〈14（平26）年〉され、安倍政権は13年（平25）に環太平洋経済連携協定（TPP）の交渉参加を決め、2016年１月に大筋合意にいたっています。

この間、民主党が政権を奪い、10（平22）年度から「戸別所得補償制度」が実施されましたが、自民党の政権復帰で「経営所得安定対策」に代わり、14（平26）年度から戸別所得補償額は半額になり18年度には廃止されます。

代わって、農業の多面的機能維持のため、「日本型直接支払制度」が創設されました。生産調整の割り当ては、18年度でなくす方針であり、政府は水田再編の切り札として、飼料用米生産を進めようとしています。

96（平８）年の農協法改正では、住専問題を踏まえて経営管理委員会制度が導入され、01（平13）年には、①農協の目的を農業振興の手段にすること、②営農指導事業をJAの第一の事業とする改正が行われました。また同時に、JAバンク法が成立しました。13年の改正以降、農水省はJAについて、「職能組合」の方向を鮮明にして行きます。

95年には、「協同組合原則」に関するICA声明（95年原則）が発表され、これを踏まえて97（平９）年には、「JA綱領」が制定されました。01（平13）年にはJA全国監査機構が設立されています。

また、95（平７）年の阪神淡路大震災に続き、原発事故を招いた011年の東日本大震災は現代文明社会に大きな衝撃を与えました。バブル崩壊後、失われた20年といわれる閉塞社会を打破するとして、新自由主義によるアベノミクスが進められています。

……………………………………………………………………

１．自己改革とは何か

（1）必要とされる従来路線からの転換

「自己改革」という言葉を聞かない日はありません。この言葉は、2015（平成27）年秋の第27回JA全国大会議案でも「創造的自己改革への挑戦」として使われていますが、ここで、われわれは、自己改革の意味についてはっきり認識しておくことが重要です。

JAの方で認識している自己改革は、政府からJAに押し付けられるものではなく、JA自らが行うものという意味に使われています。その意味ではまったくその通りであり、改革はJAが行うものです。

今回の農協改革は、一方的に政府から提案されたものでその内容はまったく理不尽なものである、改革は自らが行うものであるという強い気持ちがJAにはあり、そうした意味で自己改革という言葉が盛んに使われています。

ですが、JA改革は自ら行うことは当たり前のことであって、問題はJAが行う自己改革の中身です。すでに第Ⅱ章で述べたように、いまJAが掲げている自己改革は、2014年11月にJA全中が策定した「自己改革」の内容を踏襲したものです。

この自己改革の内容はその後の対応で政府・国会によって全面否定されました。否定された内容のポイントは、①JAは職能組合であると同時に地域組合の性格を持つという二軸論、②中央会制度の存在の二点です。

したがって、いまJAが取り組んでいる自己改革は政府・国会が否定した内容をひたすら遂行していることになりますが、こうした事態は、すでに述べたように、JA全中が萬歳会長辞任を敗北と認めず戦いの総括をしていないことからくる当然の帰結です。

戦後のJA運動を牽引してきた中央会制度の廃止は、誰が見てもJA側の歴史的な完全敗北です。JA改革の緒戦における敗北の総括を行い、従来路線踏襲のJA自己改革の内容を再吟味しない限り、今後の運動方針は際限なく矛盾が拡大していくことになります。

そもそも自己改革は、2014（平26）年６月に閣議決定された「規制改革実施計画」で、「今後５年間を農協改革集中推進機関とし、農協は重大な危機感を持って、以下の方針に即した自己改革を実行するよう強く要請する」という文書に由来します。

つまり、自己改革とは、「実施計画」に盛り込まれたJA解体の内容を５年のうちに実行せよというものでした。

「規制改革実施計画」がいっている自己改革は、農業振興・農業所得増大に名を借りたJAの解体を迫ったものといって過言ではなく、政府側から見れば、JAがいくら自己改革を進めても、それは砂漠における蜃気楼のようなもので、いくら行ってもゴールがある訳ではありません。

このように、政府が進める農協改革は、JA解体を意図するものですが、一方で、良い意味でも悪い意味でも、戦後70年のJA運動の総括を迫るものであるとともに、とくに、総体としてJAの准組合員の数が正組合員の数を上回っているという事実を背景にしており、われわれとしては、JA組織の基本性格が問われている問題としてとらえることが重要です。

今われわれに問われていること、ないし総括の視点はこれから述べる通りですが、それはこれまでJAが進めてきたJA運動の新たな姿を模索する、JAにとっての根本問題を含んでいます。

新世紀JA研究会の第13回課題別セミナー（平成29年11月29日開催）で、JAグリーン近江の岸本幸男理事長が、「自己改革とは何かがわからないまま改革が掛け声だけで進められているが、われわれとしては、自ら決めた中期計画・単年度事業計画に基づいて、着実に実績を積み上げていくことだと理解している。

それ以上のことはわれわれの手に負えることではない」と発言されていましたが、これが自己改革に対する正確な答えといって良いでしょう。

今回の農協改革でわれわれに提起されているのは、単にこれまでの事業計画を遂行していくことだけでなく、まさに「それ以上のこと」、つまりJAの根本問題を提起し、これに対して明確な長期的方向を示していくことにほかならないからです。

（2）組合員アンケート調査の目的

今次JA改革で求められていることは、前述のようにJAにとっての根本問題の提起ですが、現実にJA全中が対応策として打ち出しているのは、組合員1,000万人を対象にしたアンケート調査です。

これは、すでに農水省が実施したアンケート調査に対抗して実施するものとされています。農水省のアンケート調査は、平成28年度と29年度に、JAおよび認定農業者に対して行われましたが、その結果については、農協の自己改革について、農協については、おおむね取り組みが進んでいるものの、認定農業者にはその取り組みが30％程度にしか届いていないとして話題になりました。

JA全中は、2017（平29）年７月の理事会で、これまでの取り組みを踏まえ、「JA 自己改革の実践と改正農協法5年後検討条項をふまえた取り組み具体策」を決めましたが、その目玉は、組合員アンケート調査でした。

JA では、2018（平30）年度末までに各 JA が自己改革を着実に実践し、十分な成果を上げ組合員から高い評価を得るとともに、内外により一層の情報発信をしていくことが重要になっているとの認識のもと、具体的には2019（平成31）年4月に准組合員も含めた1,000万人組合員調査を行うことにしたのです。

組合員アンケート調査については、すでに本調査に向けて2018（平成30）年4月までに試行調査が行われています。

アンケート調査については、改革派と称され期待を担って登場した奥野政権の唯一の対応方策なのですが、このことについては、何を今さらアンケートなのかとか、調査結果が期待通りに終わらないことを懸念する意見が出されているようです。そこで、このアンケート調査について述べておきます。

結論からいえば、このアンケート調査は、JA 改革の推進にとって的を射た対応策か疑問が残ります。その理由は、二つあります。一つは、今われわれに問われているのは、JA 組織の基本性格とは何かの議論であって、組合員がいまの JA をどのように見ているかではないからです。

全中の説明は、自己改革を進め、アンケート調査でよい結果を出す、つまり JA に対する高い評価を得るということのようですが、組合員の支持を得て自己を正当化することはできても、それだけをもって JA 組織の基本的なあり方を議論することはできません。

組合員アンケート調査は身内の調査であり、組合員から JA の活動が評価されるのは、むしろ当たり前のことです。問題は、組合員はもとより世間の人々が JA をどのように見ているかということであり、問われているのは、政府・国会による JA 自己改革路線（JA は職能組合であると同時に地域組合であるという JA の姿）の否定というもとでの、JA という組織の基本的性格なのです。

もう一つは、中央会制度の廃止という、今次JA改革における緒戦の戦いでの敗戦の総括を行っていないことからくる矛盾の拡大です。今次JA改革は、中央会制度の廃止という形で完全敗北を喫したのですが、その総括がされておらず、このため、JAでは、政府や国会が否定した、従来路線の自己改革が今でも正しい方針と認識されています。

したがって、アンケート調査で組合員の信を問うとは、従来方針の是非を問うに等しく、組合員の支持を得て政府や国会との全面対決を演出してみても、そのような方策が果たして有効なものかと思えます。

アンケート調査について、当初JA全中は自己改革を推し進め、全組合員アンケート調査でよい結果を出すことがJA改革の目標だという趣旨の説明をしていました。

このことは、自己改革の中身はどうあれ、アンケート調査の結果さえよければ問題はないという倒錯した意識をJAに植え付けることにもつながりかねず、最近では、さすがにこのような説明はまずいというようになっているようです。

以上のことから、アンケート調査を実施するのであれば、その目的を、組合員の皆さんがいかにJAを支持してくれているかを確認するのに止まらず、①JAの将来ビジョンを作っていくうえでの、組合員との意見聴取・交換の場や契機とするため、②一方で、これを契機に組合員がJAへの関心を持ってもらい、かつJAへの結集力を高めるため、言い換えればJA自己改革の新たな展開のために行うことが重要のように思われます。

2．中央会制度と「整促7原則」が意味したもの

（1）中央会事業

農協における戦後レジームの解体とは、これまでJA指導を行ってきた中央会制度の廃止に象徴されます。中央会制度は、JA指導のため誠によ

くできた内容で、「整促７原則」とともに、第２次大戦後の農協の経営危機を乗り越え、かつ、その後のJAの驚異的な発展を可能としてきました。

中央会制度は、1954（昭和29）年に農協法第３章として規定され、農協の当然加入、賦課金徴収権の設定、全中・県中の一体的指導など、強力な体制が敷かれました。なかでも大きな特徴は、その事業に、経営指導、教育及び情報の提供を位置づけたことであり、その意味するところは大きなものがありました。

これらの事業のほかに、中央会には監査が位置づけられていますが、監査は他の事業と違って経営内容を外から見るものであると同時に、中央会監査は、本来、協同組合監査として公認会計士監査とは違う独自の領域を持っているもので、戦前の産業組合の時代から事業に位置づけられているという古い歴史を持ちます。

中央会事業に、①経営指導、②教育、③情報の提供が位置づけられていますが、これは一体何を意味するのでしょうか。この事業の中核はJAの経営指導ですが、問題は経営をどのように理解するかということです。

筆者も中央会という職場で長い間経営関係の仕事をしてきましたが、経営という内容の理解が十分であったか、忸怩たる思いがあります。結論からいえば、ここでいう経営指導には二つの意味があります。一つはJAという協同組合組織体をつつがなく維持させていくというものです。

内部統制の確立や不振JA対策などがこれにあたります。そしてもう一つは、JAがいかに協同組合らしい運営を行っているのかという観点での経営指導です。この二つの側面について、現実には①の意味を念頭に置いた経営指導しか行われてこなかったというのが実情です。

それはむしろ当然のことであり、現実の経営は、ヒト・モノ・カネ・情報などの経営資源の最適配分を考える厳しい戦いであり、②の協同組合らしい経営は、①の経営のなかで、ないまぜにして行われているからです。

しかし、②の協同組合らしい経営とは何かを意識し、これを定式化していく作業はたいへん重要なことです。本章８で述べる通り、協同組合にとって協同組合マネジメントは最重要課題であり、協同組合運営の核心です。

「協同組合原則」は、協同組合運営の指針としてICA（国際協同組合同盟）が定めたものですが、この内容は、協同組合の思想・信条を表すとともに、基本的には協同組合の運営方法・経営のあり方を定めたものです。

こうした観点から見ると、中央会事業の最初に経営指導が位置づけられている意味がよく理解できます。それは、中央会に対する、「JAは協同組合なので経営をしっかり確立しなさい、そして協同組合らしい運営とは何かを常に追及していきなさい」というメッセージだったのです。

旧農協法制定の際、関係者にそこまでの認識があったかどうかは不明ですが、このように解釈するとこの旧法律規定の重要性が分かってきます。

そして、この協同組合らしい経営のあり方を、組合員とともに教育で学び、また、広く情報（広報）活動で広めて行くために、中央会事業に、①経営指導、②教育、③情報が位置づけられていたのです。

ご存知のように、教育・広報とも最初から協同組合原則に盛り込まれている内容であり、まさに、中央会は協同組合原則にのっとってJAを指導しなさいといっていたのです。先人の知恵、まさに恐るべしです。

このように考えると、農水省の奥原事務次官がいう、中央会は事業をやっていないから経営などわかるはずがない、経営指導は農林中金に任せろというのは、協同組合らしい経営など、手間のかかることは早くやめろといっているのに等しく、それ以上に、協同組合の経営指導を行う中央会の存在そのものが不要との認識が根底にあるように思えます。

また、JA全中が主張している、今後は上から目線の経営指導ではなくコンサルタント業務に徹するというのも的が外れているように思われます。

経営に限らず、教育や広報事業についても将来的な位置づけは不明確・不透明なままです。教育や広報事業は、家の光や新聞連（日本農業新聞）が取り組んでいる部分が多く、これらの組織との事業・組織連携、再編なども視野に入れた検討も当然必要と思われますが、その気配はなく、議論は中央会内部の内向きなものに止まっています。

（2）必要とされる根本的な意識改革

ひるがえって考えれば、中央会制度は事業内容とともに、特異で強靭なJAの指導組織でした。県中・全中は、法人格は別なものの、実質的にはオール中央会として全国一社の運営が行われ（今回の法改正で、JA全中は一般社団法人に、都道府県中央会は連合会組織に分断されました）、携わる人員も、全中のプロパー職員はわずか100人余りですが、全国では2,300人に上る人たちが中央会という指導組織で働いていました（中央会制度が廃止されても、外出しされる監査関連を除けば中央会全体の人員は当面変わりません）。

しかも、中央会はその経費として必要なお金（しかも、監査事業を除き、多くは特定の対価が明確でないお金）を、賦課金徴収権という法律権限で集めることができました。まことに、日本は無論のこと世界にも類を見ない大きな特権を与えられた組織でした。

中央会制度がなくなった際、法律の規定はなくなっても全中・県中は残るし、今までと何ら変わるところはない、むしろ法律のしばりを離れ自由な身になったことを歓迎すべきだなどという、のん気で無責任な発言をする人もいましたが、これはとんでもない誤りです。

この誤りを指摘するのは、少なくとも二つのことを述べるだけで十分です。一つは、中央会とくにJA全中は、特別法の規定がなくなり政府の後ろ盾を失ったことです。これまで農水省は全中を使い、全中もまた農水省を利用して農業政策や農協政策を進めてきました。

農業政策の面では米の生産調整がその象徴であり、農協政策の面ではJA合併の推進や２段階制など組織整備の推進でした。これらの政策は、いずれもJAの力だけで実現することは困難であり、農水省という行政権限を利用することではじめて可能となるものでした。

これからは、基本的にこれらの政策をJA自らの力で実現して行かなければなりませんし、その覚悟を持たなければなりません。関連してこれまで徴収していた賦課金について述べれば、賦課金は政府が政策遂行する必要経費として会員から当然に徴収できるという性格を持っていました。

また、少し大きくとらえれば、会員にとっての賦課金とは、何かあった時、つまり有事の時にはいずれ政府が何とかしてくれる保証金という潜在意識がJAにあったと思われます。これからは、これまでのように、有事の際に政府は助けてくれませんし、逆にいえば、会員にとって保証金としての賦課金（会費）は不要ということになります。

要するに、JAにとっては、これからあらゆる仕事の面で政府からの自立が求められ、また、中央会にとっては、必要経費である会費について、JAからこれまで以上に厳しい目を向けられることになります。

こうした会員組織の関係は、一般社会ではむしろ当たり前のことですが、JAは農業問題という、解決困難な課題を抱えているだけに、当たり前のことを実行していくのには相当の努力と覚悟がいるというということです。

二つは、中央会が事業実体をなくしたことです。中央会で唯一事業実体を持っていたのは、監査事業でした。教育も事業としての実体がありますが、監査事業の比ではありません。今回の法改正で、中央会監査はなくなり、公認会計士監査に置き換えられました。

このことにより、都道府県中央会が選択肢として行う業務監査は別にして、中央会から事業がなくなることになりました。事業実体のない組織は限りなく縮小に向かいます。教育は事業ですが、現在の延長線上でこれを事業として確立することはむずかしいでしょう。

2019（平31）年９月末の一般社団法人への移行に向けて、JA全中はそのあり方をまとめていますが、その内容は一言でいえば、従来の誇り高き協同組合の司令塔というより、農政活動を主体とした、「農業」もしくは「協同組合」という業界の利益体現団体という意味合いが強いものとなっています。

あり方（案）では、農政と広報事業が前面に出され、営農・生活・教育事業等はその他事業として一束にされ、現在それに向けてJA全中の組織機構も編成されてきています。この姿は、会費（従来の賦課金）が集まりやすい順に全中の仕事を整理したと解釈すればたいへんわかりやすい内容です。

農政と広報事業を行うための会費は、目的のはっきりした会費（従来の特別賦課金）であり、費用対効果が比較的はっきりしており、集めやすい会費です。それに対して、その他事業はどちらかというと費用対効果がはっきりしない事業であり、従来の一般賦課金で賄われてきたものです。

こうした事情を背景に、現実的な将来像として、JA全中のあり方がまとめられたといって良いでしょう。むろん、指導機能を果たす中央会は重厚長大なものである必要はありませんが、前に述べたように、指導機関たる中央会の、とりわけ経営指導、教育、広報事業は、協同組合たるJAにとって特別な意味を持っています。

これらの中央会の事業機能の発揮について、既存の事業組織で機能分担を行っていくのか、それとも事業実体のある中央会を構想していくのかは、今後とも検討が必要な大きな課題といえます。

いずれにしても、JAは指導機関たる中央会制度の廃止により、これまでとまったく違う環境に立たされました。とくに、JA全中は、農水省の後ろ盾を失い、かつ監査という事業実体をなくしたことで、このままではサロン化し、限りなく機能の縮小に向かう可能性が大です。

そうしたもとでJAは、政府や中央会に過度に依存しない、一方で政府に対して言いたいことははっきりいう、必要なことであれば直ちに中央会に結集して全国的な問題処理を行うというメリハリの利いた対応が求められます。

それには、JAのこれまでとは違う非連続的で根本的な意識改革が必要です。

(3)「整促７原則」について

「整促７原則」とは、戦後1950年代に極度の経営不振に陥った、連合会の整備促進のために編み出された、①予約注文、②無条件委託、③全利用、

④計画取引、⑤共同計算、⑥実費主義、⑦現金決済などを内容とする事業方式のことをいいます。

この「整促７原則」は、組合員に農協への忠誠を誓わせ、自主性を奪うものというマイナス評価がある一方で、系統を通ずる農協運営のあり方を示し、戦後のJA運動展開の精神的支柱にもなりました。

「整促方式」は、系統経済事業を念頭に置いたものでしたが、他の事業にも応用されました。たとえば、かつての共済事業における目標割り当て推進や貯金推進にもこの考え方は使われました。

経済事業の事業方式（整促７原則）

①予約注文（共同販売や計画購買を前提として、組合員から販売・購買品の予約注文を、系統組織を通じて積み上げる方式）

②無条件委託（取引条件―価格・販売時期の指定等―をつけず一切を農協に委託する方式

③全利用（販売・購買の全量を農協、県連合会、全国連合会等の系統組織を利用して行う方式）

④計画取引（組合員の農協への委託、農協の連合会への委託を計画的に行う方式）

⑤共同計算（一定期間における農産物代金の精算が公平になるように、個別的に清算するのではなく取扱金額を取扱数量で割って得た平均単価を基礎に清算する計算方式

⑥実費主義（購買品の供給に当たり農協の仕入れ価格に実費経費―人件費、運賃等―を加算して供給価格とする方式）

⑦現金決済（購買代金を即時に現金決済し、農協に購買未収金を残さない決済の方式）

注）農水省「経済事業のあり方についての検討方向について（中間論点整理）」より。

「整促７原則」による事業のやり方は、組合員意識が多様化した現在では、

そのままでは通用しませんが、組合員の意識が均一であった時代には抜群の威力を発揮し、中央会制度とともに今日のJAの地位を築いてきたといっても過言ではありません。

この原則は、国際的な取り決めである「協同組合原則」などよりは、はるかに強い影響をわれわれに与え、一時期には中央会監査の監査基準にさえなりました。これほど重要な意味を持つ整促7原則について、系統内での現代的な評価は必ずしも明らかではありませんが、これについて全面否定の断を下したのは、ほかならぬ農水省でした。

省内の「経済改革チーム報告（2005年）」では、「整促7原則」について、①リスク意識のない経営感覚の蔓延、②高コストでも系統から漫然と購入、③同じ経済事業でも全農は黒字で単協は赤字、④担い手の農協離れを招いているなどの点が指摘され、この事業方式の糾弾が行われました。

今回の農協改革は、JAの協同組合運営・総合JAの否定ですが、それは、中央会制度の廃止と「整促7原則」の完全否定に象徴されています。

農水省は、今回の法改正を通じ、協同組合運営の根本は、出資配当の制限にあり、これさえ担保されれば何でもありの考えに立っているように見えます。しかし、協同組合を協同組合たらしめているのは、出資配当の制限ばかりではなく、重要なのは、協同組合らしい運営をいかに行うかということです。

今回の法改正で、第10条の2で「組合は、前条の事業を行うに当たっては、組合員に対しその利用を強制してはならない」としました。この規定の新設は、JAが「整促7原則」に寄りかかることによって、組合員の自主性を奪い、経営責任を曖昧にし、農業振興を疎かにしてきたという認識に立つもので、協同組合的運営方法を否定することを法律上明記したものと解釈することができます。

農水省が、農協改革で推奨する「JAみっかび」では、産地を一つの経営体とみなす先進の運営を行っていますが、それを支えているのは、主体的な組合員の組織である柑橘出荷組合であり、そこには、懲罰を受けた組合員の再加入は10年間認められないなど団結を支える鉄の規律・掟が存在します。

「JAみっかび」のみかんの生産・販売は、組合員とJAの間は全利用、ブランドが確立している販売は90%以上が卸売市場への無条件委託販売・共同計算で、これらは、いずれも有利販売が前提となっています。

以上のことから、主体的な組合員の組織の本気度があるからこそ、「JAみっかび」での主産地形成ができていることを学ぶべきです。

JAが「整促7原則」に寄りかかり、JAという組織維持の方便になっているとすれば、それは是正されなければならないのですが、だからといって、組合員の自主性に基づく、組合員の利益実現のための協同組合の基本的な運営のあり方を否定する内容を法律で規定することは行き過ぎというものでしょう。

3．農協論の再構築

(1)「二軸論」からの脱却

前にも述べたように、自己改革という言葉を最初に使ったのは政府であり、それは平成26年6月に政府が閣議決定した「規制改革実施計画」に由来します。周知のように、この「実施計画」がその後の農協改革の方向を決定づけ、平成28年4月から改正農協法が施行されています。

これに対してJAの自己改革の内容はまったく違います。JAの自己改革の内容は、政府の「実施計画」を受けて平成26年11月にJA全中がまとめた「JAグループの自己改革について」に由来します。

その内容は、一言でいえば政府方針に反するJAの従来路線の踏襲であり、一方で中央会制度は残して下さい、そのためには中央会の指導のあり方は政府方針をどのようにでも受け入れますという、卑屈ともいうべき木に竹を接いだものでした。

こうした内容の自己改革案は、中央会制度が存亡の危機にさらされるという異常事態のもとで策定されたという点でやむを得ないものであることは、すでに述べた通りです。それはともかくとして、政府のいう自己改革とJAが主張する自己改革の内容はどこが違うのでしょうか。

そのポイントは、政府がJAの役割として農業振興を求めているのに対して、JAは、自らを農業者の「職能組合」と「地域組合」の両方の性格を併せ持つ組織（二軸論）とみている点にあります。

職能組合といういい方は別にして、JAが農業振興を旨とする組織であることに疑いの余地はありませんが、ここで地域組合という言葉をわざわざ使っているのはなぜでしょうか。

それは、戦後の農協法が戦前の産業組合の特徴をとり入れ、JAに信用・共済事業など多様な事業実施を保障し、かつ准組合員制度を認め、JAはそれをテコに大きく発展してきたからです。

そもそも地域組合というのは、抽象概念としてはともかく法律上の組織実体として存在するものではありません。地域組合が実体として存在するのは漁協、生協、信用組合などです。したがって、JAを農業者の「職能組合」と「地域組合」の両方の性格を併せ持つ組織などと規定するのは適切ではありません。

「職能組合」と「地域組合」の理論的根拠は、学者・研究者の間で戦わされた職能組合・地域組合論に由来します。「職能組合論」と「地域組合論」は、都市化の進展の中で、JA組織のあり方の議論として学者・研究者の間で戦わされ、今に続く唯一無二ともいうべき農協論ですが、われわれはもうそろそろこうした不毛な議論（二軸論）を卒業し、次のステージに進むべき時に来ていると考えるべきではないでしょうか。

戦後の協同組合法制は、農協、漁協、生協など業態別の組織に再編され、農水省は2001（平成13）年の農協法改正で、JAが農業振興を行うために存在する組織として、このことを第1条で明確にしました。

もちろん、今回の准組合員の事業利用規制はこの延長線上にあります。

もはや、地域組合などという実態のない議論はやめにして、JAは農業振興のために何ができるかという姿勢を明確にしなければ、准組合員対策にも有効な手立てを打ち出していくことはできません。

このように論ずると、それは政府が唱える職能論に迎合するものだという反論がすぐに返ってきそうですが、そうした反論をする人たちこそ偏狭な職能論に凝り固まった存在といえるでしょう。農業は必然的に地域での協同活動をともなうものであり、地域の皆さんの理解なくして発展するものではありません。

問題は農業をどのようにとらえるかであり、農業は地域の皆さんの協力なくして成り立たない存在だと理解すれば、わざわざJAは地域組合としての性格を持つなどという必要はありません。

この点、漁協や生協もJAと同じく地域組合としての性格を持つ組織であり、JAだけが、ことさら地域組合の性格を持つ組織と主張するのは、JAだけは別の組織であり、特別扱いをすべきということなのでしょうか。

わざわざ地域組合の概念を取り出して議論を行うことは、農水省との議論がかみ合わないばかりか、JAに対する国民的理解を妨げ、誤解を生むことに繋がることに気づくべきでしょう。

従来路線を踏襲した自己改革の議論は現に多くの弊害をもたらしていますが、その最たるものは主務省たる農水省との意見のすれ違いです。JAがともすれば独善的ともいうべき自己改革を進めても、政府がこれを認めるはずもなく議論がかみ合わないまま事態が推移し、今後に求められる有効な対策に繋がっていきません。

農業振興は農業者・農家のみによって可能であるという偏狭な職能組合論は、農水省だけではなく、保守的なJAにもその根底意識に共通したものがあり、こうした意識からの脱却が求められています。

求められているのは、高齢化や地域崩壊のもとでの農業の担い手の育成というJAの社会的役割発揮であり、そのもとでの次世代を見据えた、ポスト平成時代の新たな総合JAビジョンの確立です。

基本コンセプトは、JAは、農業者・農家だけの利益体現組織から、農と食を基軸とした国民的組織（1％産業を守る国民組織）への転換をはかることです。それは、農と食が連携した「食料主権」を取り戻す国民運動を展望することでもあります。

これは農業者から消費者と地域にウイングを広げた政府の「食料・農業・農村基本法」の方向に合致します。そのためには、農業振興への原点回帰、および、職能組合と地域組合の「二軸論」からの脱却と新な農協論の構築が必要です。

「二軸論」からの脱却とは、具体的には、とりあえず後に述べるような、①農業振興の抜本策、②食を通じて共に農業振興に貢献する准組合員対策を意味します。

同時に、総合JAの仕組みは日本農業を支える有効な社会的装置であることを訴えていくことが重要です。意識転換には10年単位の時間を要し、もはや時間切れの感がぬぐえませんが、新しい総合JAビジョンの確立以外に有効な手立てはないでしょう。

そうした議論を通してはじめて、JAは農水省と同じ立場に立ち、JAの主張を取り入れた農協改革をともに進める展望を持つことができます。

注：いまの全中の方針は、農水省のアンケート調査に対抗して全組合員アンケート調査を実施し、JAが組合員から支持されていることを証明する。しかる後、そのことをもって農水省と全面対決し、与党・自民党を動かして解体路線を変えさせるという戦略に見えますが、果たしてそのような戦略が有効かどうか、検証が必要のように思えます。

（2）「職能組合論」と「地域組合論」

職能組合論と地域組合論は、高度経済成長のもと都市化が進展する中で、学者・研究者の中で戦わされた、今に続く農協論です。こうした議論は、JA現場ではほとんど興味が示されません。

なぜなら、JAは組織目的や事業領域などがすべて農協法で規定されており、法律通りに仕事をしていけば問題はなく、こうした議論を行う意味がほとんどないからです。

しかし、今回のJA改革は、JAがそもそもどのような組織かを問われているのであり、JA役職員全員もしくは組合員までもが、この議論に参加していくことが求められています。そこで、この議論のポイントについて述べることとします。

職能組合論は、JAの目的が農業振興のみにあるという見方をします。職能組合論の極致は、地域概念さえも排除し、ただ農業が産業として確立すればよいという立場をとります。この議論の行きつく先は、わかりやすくいえば極端な専門農協論です。あるいは、それは別に協同組合組織でなくともよいのです。

事業については、すべてタテ割り思考で信用・共済・経済事業はそれぞれが独立した事業形態が望ましいということになります。こうした職能組合論は、行政の官僚思考と合致します。官僚制は、もともと上位下達・専門性を旨とする組織だからです。

今回の農協改革は、信用・共済事業をJAから分離し、JAを専門農協に純化させ、事業はすべて事業タテ割りで、全国一社の株式会社にするというコンセプトのもと、「規制改革推進会議」と行政が一体になって進められていますが、行政＝農水省は、一方で、もともとこのような思考を持つ組織です。

そうした意味では、この改革推進の中心人物の奥原農水事務次官は、官僚制に最も忠実なスーパー官僚といって良いでしょう。

これに対して、地域組合論は、JAの目的を地域の振興にあると見ます。この議論は、JAの前身が戦前の産業組合にあったことに由来します。産業組合は、産業が分化しない時代の文字通りオール産業の協同組合であり、地区内に住所を有すればどのような人も組合員になれました。つまり、特別の組合員資格は必要とされませんでした。

戦後の農協法は、産業組合から戦時農業会を経て農協や漁協、生協など業種別に組織に再編成されましたが、JAの場合は、産業組合の残滓を引

（図１）二軸論の構図

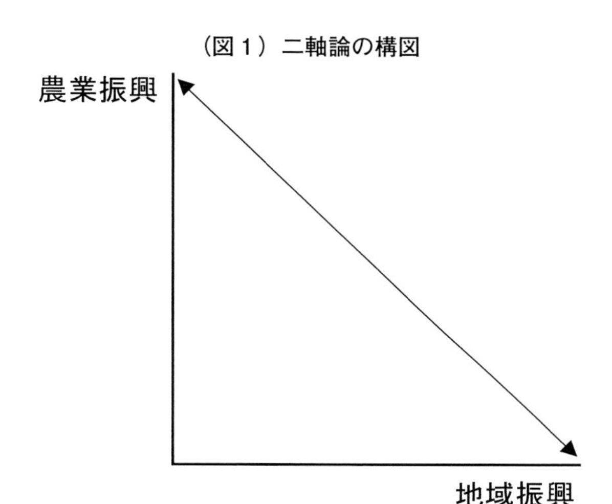

きずって、信用事業の兼営を認め、かつ准組合員制度をつくりました。

地域組合論者はここに目をつけ、JA は農業振興だけでなく、地域振興を旨とする組織だと主張しました。極端な地域組合論者の中には、JA は農業振興が目的なのではなく、大切なのは組合員の生活だなどと戦前の産業組合時代に戻ったかのような議論を展開する人もいます。

こうした地域組合論者の議論は、信用事業を兼営する総合 JA や准組組合員制度、また事業的には JA の貯金・共済推進を正当化する理論的根拠を与えるものとして、JA 関係者に多くの共感を呼びました。

現在の農協法は、第１条の目的規定で農業振興を、10条１項の事業規定で総合事業を謳っており、この法律規定のもとで、学者・研究者の皆さんの多くは、ある時は農業振興、またある時には地域振興に軸足〈(図１）の両矢印線の線上〉を置いた、いわば良いとこ取りの議論を展開してきたのが実情です。

JA もまたこの議論と同じく、ある時には農業振興（営農・経済）に、またある時には地域振興（信用・共済）に軸足を置いた良いとこ取りの事業運営を行ってきました。そしてその究極の姿が、JA は職能組合と地域組合の両方の性格を持つ組織という職能・地域の二軸論でした。
　しかし、JA は農協法１条にあるように農業振興を目的とする組織であることに疑いはなく、理論的にも二軸論を主張するのは無理があり、JA は早くこの二軸論から脱却し、農業振興の目的のもとでJA 運動をいかに展開して行くかが求められています。

４．准組合員対策

（1）排除の思想のアウフヘーベン

　JA の准組合員の事業利用規制は、今次農協改革で残された最大の課題の一つです。改正農協法は附則第51条３項で、「准組合員の事業利用制限は、政府が平成33年３月まで正組合員及び准組合員の事業利用状況並び改革の実施状況について調査を行い４月以降、その結果に基づき制限のあり方を検討する」としています。
　この問題について、JA 全中の中家会長は、平成29年11月６日の日本記者クラブでの会見で、JA が過疎地で経営する移動購買車や給油所を例示し「(利用者は）ほとんど准組合員。地域住民のライフラインを守る（観点）から、規制はできない」(日本農業新聞）との考え方を示しました。
　このいわゆる地域インフラ論がJA グループの准組合員対策の考え方になっているようです。法改正にあたっての衆議院の農林水産委員会の付帯決議でも、「准組合員の利用のあり方の検討に当たっては、正組合員・准組合員の利用の実態などを適切に調査するとともに、地域のための重要なインフラとして農協が果たしている役割を十分踏まえること」となっており、参議院でも同様の決議が行われています。
　一般に付帯決議は、法的に何の効果をもたらさないものであるばかりか、その法案に賛成した議員のいい訳に過ぎず、その意味をよく理解しておくことが肝要ですが、果たして准組合員問題についての付帯決議がわれわれの主張を実現するのに有効なものでしょうか。

結論からいえば、この地域インフラ論は半世紀前の農協論であり、今の地域の実態からみればあまりにもかけ離れたもので、著しく説得性に欠けるものといって良いでしょう。

確かに一部の山間僻地や離島などの特殊地帯ではインフラが未整備で、JAはなくてはならない存在のところもあるでしょうが、今や大多数の地域では金融・保険会社や量販店・コンビニなどがひしめき合い、JAはなくてはならない存在ではありません。

したがって、地域インフラ論は准組合員の事業利用規制にとって効果がないばかりか、インフラが整っている大多数の地域では規制をかけるという、有力な根拠を与えるものになることに注意が必要です。

今のところ農水省の准組合員調査結果の内容は明らかにされていませんが、これまでの同省の説明を聞けば、JAの周囲にどのような同業者がいるのかの調査が行われていることは想像に難くなく、すでにその調査は終わっていると推測されます。

准組合員問題については、農水省もJAも問題があると認識しながらも、長年にわたり放置してきた重要課題でした。とくにJA側の対応については、自らこの問題を取り上げれば職能組合か地域組合かの二者択一を迫られ、その結果は、准組合員を排除する職能組合論に軍配が上がるであろうことを恐れ、壊れ物を触るがごとき慎重な態度をとってきました。

今回、全国的にJAの組合員のうち、准組合員数が正組合員数を上回るという状況（2009年度に、正組合員477万5,204人、准組合員480万4,237人と正准が逆転）をとらえ、一挙にこの問題の解決をはかるべく問題を提起してきたのが「規制改革会議」であり、その内容は准組合員の事業利用を正組合員の事業利用の半分以下に規制するという衝撃的なものでした。

このように、政権側から准組合員につて具体策が提案されてきた以上、われわれは、この問題に正面から向き合わなければならないという基本認識がまず必要です。

これまでJAは准組合員対応については、制度としての准組合員の存在・大義を主張し、JAにおける准組合員はその数の多寡によって問題とされるべきではないとの立場をとってきました。

また、その対策は、准組合員はJAにとってのパートナーであり、組織・事業活動について分け隔てなく対応するというものです。

いま、JAが全力を挙げて取り組んでいる「自己改革」でもこの姿勢を崩さず、従来路線を踏襲したままです。ですが、今回政府が打ち出した農協改革は制度としてのJAを否定しているのが特徴であり、とても准組合員制度に大義ありという従来路線の踏襲では、事態を解決することは不可能で、新たな准組合員対策が必要になっています。

それでは、新たな准組合員対策とはどのようなものでしょうか。その内容とは、誤解を恐れずにいえば、准組合員を農と食を通じた農業振興の准主役に位置づけることではないかと考えられます。

この考え方はJAの経営理念と考えられる「農と食を通じた豊かな地域社会の建設」という考えにも合致し、ここから事態を解決する糸口が見えてきます。少なくとも、「農協　准組合員制度の大義」（農文協発刊のブックレットの表題）のように、制度に大義を求めることではなく、准組合員に大義を認めることこそがこの対策の基本でなければなりません。

しかし、この考え方の確立の前にはJAの保守性という途方もなく高い壁がそびえ立っています。JAでは准組合員をパートナーなどと位置づけていますが、実のところは、正組合員の潜在意識には准組合員を自らの利害対立者とみなす「排除」の思想があります。

この排除の思想は、JAに限らず農業者と消費者の間に横たわる伝統的なもので、その背景には、農業者には食の提供者であるという自負と、消費者は安易で安価な食を求める気まぐれな存在という抜きがたい不信感が存在しています。

さらに、戦後の自作農主義による地域におけるJAの排他性・保守性がこれを増幅しています。ここに准組合員問題の所在があり、この准組合員

「排除」の思想を「アウフヘーベン」する意識改革こそがこの問題解決の本質で、准組合員の問題は正組合員の問題と考える理由がここにあります。

准組合員対応で最先端を行くJAはだの元組合長から、JAには「准組合員に庇を貸して母屋をとられる」意識があるとお話を伺ったことを思い出します。

こうした排除の思想からくる、農業は農業者・農家だけが担うものという、行き過ぎた職能組合の考え方は、実はJAも農水省と同じであり、この問題の深刻さがあります。

現に苦し紛れの准組合員対策で散見されるのは、この期に及んで出来もしない正組合員を増やすべきという意見や、またむやみに正組合員の資格水準を引き下げて正組合員の聖域を犯すなといった内向きの議論しか出されていません。

この際、JAは正組合員が准組合員を排除する思想を乗り越えて、農業振興には准組合員の協力が必要なことを本音で訴えていくことが必要になっています。准組合員は正組合員の（元）子弟が多い、またそうでない人でもJAに協力的な存在だなどと喧伝しても何の意味もなく、准組合員はJAのことをそれほど深刻に考えているわけではありません。

農業振興への応援を頼むのは、正組合員たる農業者・農家の方であり、准組合員はパートナーなどといった鷹揚で不遜ともいえる態度をとっている場合ではありません。准組合員はJAが取り組む農業振興にほとんどの人が理解を持っています。

ですが、准組合員には運営参加の共益権がなく、農業振興への寄与・協力の気持ちを持っていても遠慮の気持ちが先だって、自分からそのような意見をいうわけにはいきません。

ここは、正組合員が腰を折って農業振興への協力を准組合員に要請すべきです。准組合員の問題は、優れて正組合員の問題なのです。農と食を結びつける存在の准組合員は、自らの組織メンバーとして存在しており、こうしたアプローチさえできなくて、何が協同組合間提携かと思えます。

そしてここが肝心なところですが、准組合員を農業振興の同志としてJAに迎え入れることで、JAは閉鎖性という自らの悪しき体質を内部から変えていくことが可能となります。

注：アウフヘーベン（止揚）とは、矛盾する諸要素を対立と闘争の過程を通じて発展的に統一することを意味します。

（2）共に農業を支える存在

准組合員の事業利用規制問題は、今回の農協法改正をめぐる議論で、中央会制度の廃止と引き換えに執行猶予とされたほどのJAにとって最大のアキレス腱です。いま再び、JA信用事業の代理店化と引き換えにこの問題を出されたらJAは打つ手なしという状況になるでしょう。

JAが進める自己改革は単なるお題目であってはならず、及ばずながら准組合員対策の根本の具体策を考えることこそが自己改革の本質と考えるべきでしょう。

話は変わりますが、今でこそJAでは女性や青年を正組合員にする一戸複数組合員が常識になっており、これは1986（昭和61）年のJA全中の総合審議会答申がその発端になっています。

驚くべきことに、当時のJA・組合員の意識は戦前の家父長制の考えを引き継いだ1戸1組合員（1戸に1人の組合員）が常識であり、1戸複数組合員の考え方には相当の抵抗がありました。

結果、複数組合員がJAで実現・定着するのには実に20年以上の歳月を要しています。一方で、その後の継続的な正組合員数の減少を見れば、1986年の総合審議会答申がいかに重要なものであったかがよくわかり、この取り組みがなければJAはいま悲劇的な状況を迎えていたでしょうし、准組合員問題はもっと早く俎上にのぼっていたことでしょう。

このようにみると、JAは自らの力で組織運営のあり方を変えることには極めて苦手な組織であることがよくわかります。しかも新たな准組合員対策は、1戸複数組合員の実現に比べればはるかに高いハードルを持っています。

準組合員は食の面から農業を支える存在であり、正組合員の方から准組合員に対して、農産物直売所の利用や農産物の購入、食に対する意見具申などを通じて農業振興に協力して下さい、そのためには、意思反映のための議決権を持っていただいて意見を聞き、一緒に農業振興に取り組みましょうという具体策は、すでに新世紀JA研究会で議論していることですが、JA現場の反応は鈍く、対応はほとんど絶望的に近い状況にあります。

ですが、何事も問題提起をしなければ事態を変えることはできません。

農水省は、2001（平成13）年の農協法の改正で、農協の地区内に住所を有しない者であっても、農協から産直で農産物の供給を受けている者や、農協が設置する市民農園を利用する者については、消費者や都市住民との連携を強化していく観点から、これらの者に准組合員資格を認めることにしました。

対象は個人に限られず、農協から農産物を継続的に購入している生協等も含まれます。この法改正の趣旨は、農産物の利用はじめ農業振興に協力する者はJAの准組合員として積極的に受け入れるという国の意思の表明と受け止められます。

したがって、准組合員を信用・共済事業の利用者に終わらせず、JAの農業振興の協力者として受け入れる方針を明確にして、JAと准組合員組織（部会）との間で、以下のような、自主的な利用協定を結ぶなどの対応策を考えて行くことで、准組合員対策を一歩も二歩も先に進めることができるように思えます。

①農産物直売所の利用、②地元農産物の一定額の購入（農業を買い支える仕組みの確立〈フェア・トレード〉～年間一世帯数万円の農産物購入により、全国規模では1,000億円を超える協力が可能で、購入要請にあたっては、安全・安心、環境保全、地元産などの消費者としての要望に応えることが必要です）、③農協設置の市民農園・体験農園の利用、④食に対する意見具申のためのJA料理教室への参加など。

また、都市化が進んだJAでは、剰余金の一定額を地域の農業振興に充てる基金の創設・活用なども考えられるべきでしょう。

経済事業の赤字を信用・共済事業の収益で補填しているJAでは、多くの場合そのことを通じて准組合員が農業振興に貢献しているわけですが、准組合員とともに農業振興に取り組むさらに踏み込んだ対策が考えられるべきです。

准組合員を信用・共済事業の利用者に終わらせず、食を通じた農業振興の同志としてJAに迎え入れることこそ、農業振興の抜本策とともに、「二軸論」から脱却するもう一つの重要な方策です。

また、准組合員の権利としての共益権（議決権など）の付与については、JAが本来農業者の利益を体現する組織であることを踏まえ、農水省、JAとも否定的で、手も足も出ない状況ですが、准組合員に農業振興への協力を依頼する以上、何らかの権利の保障を考えるべきです。

そこで現実的な方策として考えられるのが、准組合員に対する意思決定ではなく、意思反映のための議決権の付与です。総会等での議案決定にあたって、正組合員の過半の議決を担保にすれば、正・准合わせた議決権の行使は可能です。

これはいわば、意思反映のための准組合員への議決権の付与で、この措置は、総会の運営規約に盛り込むことで可能であり、農協法に抵触しません。まずは、このようなことを出発点に、准組合員のJA運営参加の道を広げて行くことが必要でしょう。

また、以上の取り組みからは、JAもしくは正組合員にとって准組合員は、ファン（クラブ）などではなく、「農と食を結ぶ農業振興の同志」と位置付けるのが適切と思われます。

制度に守られてきたJAは、自らの力で事態を変えることができず、ひたすら政治力を頼り制度を守ることに腐心してきました。だが、准組合員対策に限らず今回の農協改革は政権側から制度の変革を求めてきているもので、これまでのJAの対応では通用しないことはもはや明らかです。

苦しくても、時間がかかってもJA自らの力で変革の案～新総合JAビジョンを提案し、将来展望を切り開いていくしか方法はありません。そうしなければ、JAは「農業」と「協同組合」の利益体現集団の域を超えることはできず、間断なく国民の批判にさらされることになります。

産業としての農業の確立が叫ばれて久しいのですが、いずれの先進資本主義国でも国民総生産に占める農業生産額の割合は低く（1～1.5％程度）日本もその例外ではありません。

准組合員制度は、組合員の資格を問わなかった戦前の産業組合の残滓を引きずった、第2次大戦後今日まで続くJAの根幹の仕組みです。JAはこの仕組みの解釈として、JAは職能組合と地域組合の両方の性格を持つという、いわゆる「二軸論」を持ち出して良いとこ取りの運営を続けてきましたが、もうこの理論で事態を解決することはできない状況に追い込まれました。

しかし一方で、日本のJAの准組合員制度は、その成立経緯は別にして、結果として正組合員が准組合員と手を携えて農業という1.5％産業を支える仕組みとして有効なものとなる可能性が大いにあります。JAは国民の理解を得てその可能性にかけるべきではないでしょうか。「排除の思想」からは何も生まれません。

「協同組合原則」の第7原則として、新たに取り入れられた「地域社会への関与」は、A・レイドロー（1907～1980年）による日本の総合JAがモデルとされていますが、この際、農業を通じた地域振興に貢献する総合JAの意義を改めて考えてみるべきです。

また、准組合員問題と関連して准組合員が多く利用する信用・共済事業の位置づけについても考えておく必要があります。准組合員が多く利用し、正組合員にとっても重要な地位を占める信用・共済事業について、JAおよび農水省はその位置づけを明らかにしていません。

100兆円を超えるJA貯金や260兆円におよぶ長期共済保有高をもつ信用・共済事業について、組合員の立場に立った位置づけがないことは不思議というほかありません。

この背景には、JA、農水省ともにJAは農業振興を目的とする職能組合であるという建前の意識があり、営農・経済事業については、組合員にとって農業所得の向上という明確な位置づけがありますが、信用（貯金・住宅貸付等）や共済事業につてはその位置づけを回避してきました。

正・准組合員一体となって農業振興に取り組む方策が将来ビジョンとして議論されれば、このことについても整理が必要になります。農業者は生産に携わるとともに、一方で生活者です。

准組合員は農業振興に協力する者であるとともに、そのほとんどは生活者としての顔を持ちます。ですから、正組合員、准組合員とも農業振興に貢献する者の生活面のサポートとして信用・共済事業を位置づけることについて、検討する必要があるのではないでしょうか。

それは、JAがもっぱら生活者としての顔を持つ信用組合や生協と一線を画す組織であるということを表明することでもあります。いずれにしても、これまでに述べた准組合員対策は、JA運営の将来方向を変える大きな問題を抱えており、とても平成33年３月までの事業利用制限再検討の時期に間に合うようなものではありません。

ですが、JAは今回の農協改革を自らの組織の将来方向を考える絶好の機会にすることが重要です。組織の将来方向を考え、自らの立ち位置を明確にすることが長い目で見れば最も有効な准組合員対策となるでしょう。

平成33年３月までの事業利用制限再検討の期間の政府間交渉においても、自らの新しい准組合員対策を持ち合わせず、ひたすら既得権益を主張するだけでは議論がかみあわないでしょうし、政治家も応援のしようがありません。

（引用：農協法令研究会『逐条解説農業協同組合法』大成出版社　2017年）
（参考：辻村英之『農業を買い支える仕組み―フェア・トレードと産消提携』太田出版　2013年）

５．戦後第３世代への橋渡しと農業振興

（１）戦後第３世代への橋渡し

農協論の再構築にせよ准組合員対策にせよ、これからJAが立ち向かう課題は、戦後70年を経てこれまでの矛盾を解決していかなければならないたいへん困難で、時間のかかる内容です。

しかしながら、こうしたことに答えを出していくのが、今回のJA改革の本質といって良いでしょう。かつて米価闘争で名を馳せた宮脇朝男全中会長は、戦後、日本が高度経済成長を経る中で、農民は強制供出で米をとられ、次には労働力を、その次には農地をとられたと嘆きました。

だが、それは経済成長の中で、農業・農村が国民の食料確保、都市への良質な労働力の供給、農地から宅地への転換・供給などに貢献する役割を果たすことを意味することでもありました。

一方戦後のJAは、再建整備をへて、食管制度のもとでの政府買上米の代金管理、肥料の供給、さらに1970年代に入ってから今日までは、米の生産調整などの役割を果たしてきました。

いま、JAに必要とされているのは、組合員の農業所得の確保は無論のこと、農業を通じた地域の活性化です。少子高齢化のもとでの、農業の担い手の確保、雇用の確保などは、JAにしかできない社会的役割です。

また、国家レベルでも食料自給、安全・安心な農産物の供給という食料主権確立の運動を進める主体は、生協などと連携した運動のできるJAしか考えられません。

一方でこの間、農業・農村・JAを支えてきたのは、戦地から引き揚げてきた戦後第一世代、次いで、三ちゃん農業に象徴される総兼業化のもとでの戦後第２世代でしたが、いまやその主力は、戦後第３世代に移ってきています。

他方で、著しい高齢化により、農業・農村・JAを担っているのは、依

然として第２世代の60歳後半から70歳以上の人たちであり、とくに、いまのJAの組合長の多くは、主に戦後第二世代の人たちです。

このため、本章で述べる諸課題に取り組んでいくことは大きな意識転換をともないむずかしい面があるかもしれません。

ですが、一方で第２世代から第３世代への移行は必然で、それはもう目前に迫っていることを考えれば、第２世代の経営層、とりわけJAの組合長には、少なくとも今後JAが果たすべき課題や方向性を明らかにして、戦後第３世代にJA運営を引き継ぐ義務があり、それが、今次JA改革の重要な使命であり基本命題と認識すべきです。

自分の任期中には何も起こらないから面倒なことは先送りなどという意識で高をくくり、長期的展望に立った課題の整理や議論を怠ることは許されません。

（2）農業振興

戦後第３世代の農業者・農家の皆さんは、経済の停滞、人口減少、高齢化、耕作放棄地の増大、担い手確保の困難性、さらには、地方の消滅など、これまでとは様変わりの、構造的で厳しい環境のもとで農業経営を行っていく宿命に置かれています。

農業をめぐる環境状況を一言でいえば、農業の担い手が育たないというより対象者自体が存在しないというたいへん厳しいものです。一方、この世代は農地解放で得た農地に対する執着心が薄く、かつてのような自作農主義には縛られない意識を持っています。

このような状況のもと、農業経営は法人化の方向に向かっており、これは、JAグループが営農政策として採ってきた、これまでの営農団地→地域営農集団→集落営農→農業生産の法人化という展開過程（農業生産の個人から集団化・法人化への移行）の流れの延長線上にあります。

このように考えると、JAは個別農家の営農指導に徹し、農家と競合する農業生産には自ら手を出すべきではないという伝統的な考えは、再考しなければならない時期に来ています。

一方で、農業の生業的特性から、米国などの大規模経営を行う国でも、農業経営については家族経営が主流のように、日本においても家族経営が農業経営の基盤的存在であることに変わりはなく、JAはそうした農業者の経営を脅かす存在であってはなりません。

営農指導は、自らが農業経営をやらなければわかるはずがないのは当然ですが、これまでJAグループが行ってきた農業振興方策は、担い手育成の担当部署の設置、各種ファンドの設定など自ら農業経営に手を染めることがないものばかりで、これでは、農業振興のアリバイづくりとしか思えません。また、マーケットインの販売などは、周回遅れの当たり前のことです。

農業振興・担い手の育成については、農家の自主性に任せるばかりでなく、JA自ら農業経営に取り組み、ノウハウの蓄積やマネジメント能力を身につけていく必要があります。6次化などの販売努力はいうまでもありません。

JA現場では、耕作放棄地を引き受けて、自ら農業経営する事例も増えていますが、もっと前向きに、JAはもちろん、JA・連合組織による農業生産への直接関与、生産法人の立ち上げなどJAの社会的な役割を果たしていく方向を明確にして行くべきではないでしょうか。それが、現代におけるJAの社会的企業（Social Enterprise）としての役割発揮です。

とくに、全農・農林中金・共済連などが連携して全国数か所に直営農業生産法人を立ち上げ、みずからマネジメントを行い、新たなバリューチェーンを構築していくというような、従来のJAイメージを変えるインパクトのある事業展開の姿を見せれば、国民のJAに対する認識はよほど変わったものになるでしょうし、行政も協力を惜しまないでしょう。

これまでのJA―連合組織という系統組織の基幹の機能分担は重要ですが、これにこだわらず、農産物生産・販売の新たな地平を切り拓く取り組みが重要になっています。やる気になれば、JA組織はこうした取り組みを行う、事業機能、資金力、育成可能な人材等のすべてを持っています。

また、農業の産業としての確立が喧伝されていますが、いうまでもなく、農業は１次産業として生業としての性格を脱しきれず、２次・３次産業を視野に入れた取り組みを行ってはじめて、かろうじて他産業と競争できる条件が整います。

農業が一次産業として自立できないのは当たり前です。A・トフラー（1928～2016年）が「第三の波」で指摘した、①農業革命、②産業革命、③情報革命のうちの産業革命は、基本的には工業革命であり、人々の便利さの追求でした。

そして産業革命を可能にしたのは、A・スミス（1723～1790年）のいう分業です。これは、自動車づくりを例に挙げればその内容をよく理解できます。分業ができなかった時代は家内制手工業といわれ、分業を可能としたのは工場制機械工業といわれます。

産業革命を経た今の時代では、一日に何万台もの自動車を生産できますが、家内制手工業の時代には、１台の幌馬車をつくるのにさえ、何日もの多くの日数がかかりました。

分業のできない、生業の性格を持つ農業は、いまだ家内制手工業の時代のままとも考えられ、２次・３次産業に太刀打ちできるわけがありません。このように考えれば、農業に関する補助金が問題にされますが、それは補助金ではなく、農業生産の奨励金として正当性を持ちます。必要な国境措置、奨励金の要求は当然のことです。

６．系統農協とJA組織運営の特質

（1）会社組織との違い―系統農協の優位性

JAは系統農協という独特な組織の中で仕事を行っています。JAは協同組合として人が主体の組織であり、会社のように資本の最大化をめざす組織ではありません。この結果、両者の事業・組織形態は違います。

一般的に、会社がピラミッド型なのに対して、JAは逆ピラミッド型になっています（図2）。会社は不特定多数の人を対象に事業を行い、組織は本店中心の上意下達の仕組みが一般的です（頭が一つの脊椎動物型組織）。

これに対してJAは組合員という特定の人を対象に事業を行い、ボトムアップの組織運営を行います（頭が多数のアメーバ型組織）。JAの場合、JAが組織する連合組織は、会社組織では本店になりますが、JAでは補完組織でしかありません。

このアメーバ型組織は、JAでは系統組織といわれ、JAと連合組織がバラバラではなく、それ自体がJAをPlan・Do・Seeの起点とする、一つの有機体組織になっているところに特徴があります。

この仕組みを、JAグループと表現するのは適切ではありません。系統農協は、JAを全国一つの金融機関とみなす現在のJAバンクシステムをイメージするとその実態がわかりやすいと思います。

二つの組織形態を見てどちらが優れているのかは一概にはいえません。JAにはJAの、会社には会社の良さがあり、それぞれの組織はその良さを生かして社会に貢献しています。

（図2）企業（会社）とJAとの組織形態の違い

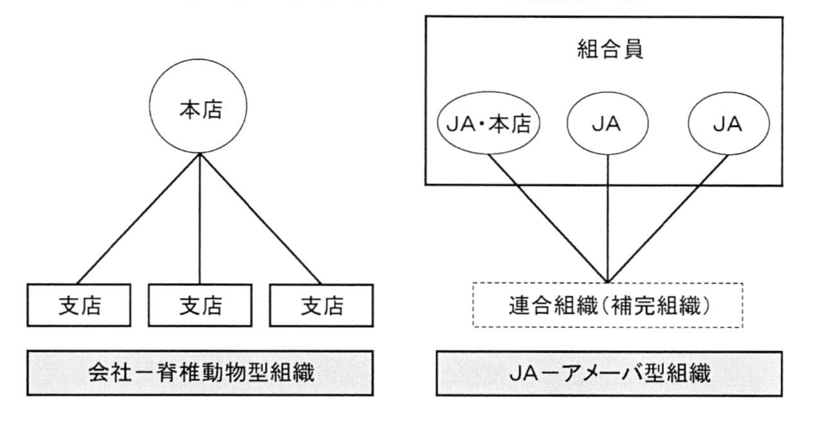

両者を比べた場合、一般的には会社組織の方が合理的な組織と考えられていますが、実態を見れば必ずしもそうとは限らず協同組合は会社組織に対して優るとも劣らない優位性を持っています。

国際的に見ても、2008年のリーマンショックによる世界的な金融・経済危機に際して地域経済に根ざす協同組合は独自の力を示し、バブル経済の影響を最小限に抑え経済システムに安定性をもたらしました。

国連ではその役割を評価して、2012年を国際協同組合年にしました。またわが国においても、JAではリーマンショックにより農林中央金庫が1兆9,000億円という多額の資本不足に陥った際、単位JAが後配出資という方法でその窮地を救いました。

今回の政府提案によるJA信用事業の代理店化は、JAバンクシステムの中で農林中央金庫をJA信用事業の本店にすることを意味し、それはJA信用事業が、従来の系統組織運営から会社運営へ移行することを意味します。

現在JAでは、代理店化について組織協議が行われていますが、JAバンクシステムは、Plan・Do・Seeの起点がJAであることで、はじめてその優位性を発揮できます。

JA役職員のみなさんは、このような系統組織の優位性は先刻ご存じであり、代理店化の道を選択するJAはほとんどないことが想定されます。

われわれは、常にこうした系統農協の意味を理解・確認し、その意義を共有するとともに、その優位性・社会的役割を検証し、国民の理解を得ていくことが重要です。

注：2017年10月に放映されたNHK総合テレビ特集「人体・神秘の巨大ネットワーク」で、人体について脳が心臓・肝臓・腎臓などの臓器を統一的に動かしているのではなく、まったく逆に各臓器が脳に働きかけ、もしくは各臓器同士が連絡を取り合って人体をコントロールしているという最先端のミクロ医学が紹介されています。

（2）JAの得意ワザ

次に、JA組織運営の特質について述べておきます。あらゆる組織は自らの組織運営の中核能力（コア・コンピタンス）・優位性によって厳しい競争社会に立ち向かっていきます。

協同組合たるJA組織の優位性は、組合員の協同活動が組織運営の根底にあることです。組合員の協同活動とは、JAにおける生産部会や生活部会、青年部や女性部などのさまざまな活動を意味します。

また、JAは経済事業とともに信用・共済事業などの兼営ができる総合事業の形態（総合事業）が許されており、JAでは経済事業を中心に各事業が連携を持って運営されています。

このような「組合員の協同活動と事業活動の連携・連動」と「事業間の連携・連動」はJA独自の組織の運営方法（ワザ）です。かりに、JAが政府提案のような組織に変質すれば、こうしたJA組織独自の運営方法が発揮できなくなり、致命的な打撃を受け経営が成り立たなくなります。

協同組合が法律で規定されていることでJAは存在していますが、それはJA存在の必要条件であって十分条件ではありません。いくら法律でJAの存在が認められていても実際の運営が困難になり、JAがこの世に存在しなくなれば何の意味もありません。

JA信用事業の代理店化―事業分離を行い、組織運営の得意ワザを失った場合、JAは政府がいうような、肝心な農業振興を担う営農・経済事業について十分な活動・機能発揮ができなくなることは明らかです。

7．自立JAの確立

（1）JAの弱み―経営責任の所在

JAの組織は、組合員の協同活動を基盤に、ヨコは信用事業など各種事業の兼営、タテは補完組織たる連合組織との機能分担でガッチリ守られています。

このようにタテ・ヨコで組織が守られ、かつ組員組織を基盤としているような組織は、日本はもちろん、おそらく世界的にも例が少ない存在といってよいでしょう。しかもこれらは、すべて法律で守られています。

しかし、それゆえにこそ、半面でJAは組織体としての肝心な経営責任の所在が不明確になるという大きな弱みを持っています。JAは、合併前には連合組織の力が強く、かつ組合員との間はフェース・トゥ・フェースの関係にあり、経営責任の所在が不明確といったJAの弱みは表に出ませんでした。

否、弱みが出ないようすることにこそ、JA組織の真骨頂がありました。連合組織は強固に形成され、JAはひたすらボトムアップの協同活動強化に努めることで課題は解決できました。極端にいえば、JAは経営責任を持たなくてもいいほどの存在でした。

しかし、合併によって事態は一変しました。JAの体制は表面的には立派になりましたが、一方で、組織整備による合理化で連合組織の補完組織の力は相対的には弱くなり、また支店の統廃合などで協同活動の力も弱くなりました。

このことで、経営責任が不明確というJAの持つ弱みが、一挙に顕在化してきているように思えます。

このところJA全国大会議案でも、「新たな協同の創造」(第25回大会)、「次代へつなぐ協同」、「支店の重視」、「Cからはじまる PDCA」(第26回大会) など、JAの組織や経営への危惧が示されていましたが、それはこうしたことの表れと見るべきではないでしょうか。

新しい協同活動の広がりがないから「新たな協同の創造」であり、時代へ引き継ぐことが懸念されるから「次代へつなぐ協同」なのであり、協同活動が不活発になっているから「支店の重視」であり、経営の基本であるPDCAが機能していないから「Cからはじまる PDCA」なのです。

これらの課題は、いずれもJA自らの経営責任が深く係わっているものばかりです。合併が一段落した現在、JAではこれらの課題、要すれば当然のことである自らの経営責任について改めて考え直してみることが必要になっています。

これらのJAが持つ弱みの解決のためには、まず何よりもJA役職員の意識改革が必要で、また解決には他人の力を借りることはできず、JAの自助努力しか方法はありません。

（2）合併JAの憂鬱

JA合併は、これまでJAが行ってきた唯一の経営政策といって良いものでした。JA合併は行政の平成合併に先駆けて行われ、1980年代はじめに4,000あったJAは今では650JAになりました。では、なぜ合併は関係者が一丸となってかくも激しく進められてきたのでしょうか。

それは、第一には単位JAの力を盤石にし、JA運動の生命線である組合員の協同活動の基盤を確保することでした。小規模JAではヒト・モノ・カネの経営資源の確保が難しく、協同活動の場の確保には一定の経営規模が必要との判断からでした。

もう一つの合併の目的は、従来の系統３段階制を見直し、JA—連合会という２段階制により組織全体の効率的な運営を目指そうというものでした。

そして、忘れてはならないもう一つの理由は、合併により、JAが総合JAの姿を堅持して行こうとするものでした。小規模JAでは独自の事業力が弱く、全国連の支店・代理店になりかねないという懸念があったからです。

ところが、今の合併JAの姿はどうでしょうか。確かに、JAは規模拡大によってヒト・モノ・カネの経営基盤が強化され、経営的には所期の目的が達成されたように思います。しかしその内実はどのようなものでしょうか。

一般的にいって、組織は規模が大きくなるにつれて、組織維持そのものが目的になってきます。また同時に組織の官僚化が進んでいきます。JA

もその例外ではありません。合併により、合併前のJAの個性は失われ、せっかくの優れた合併前のJAの良い面が組織に埋没していっているように思えます。

合併JAの執行部は、多くの場合組織維持優先が強いられ、合併前のJAの意見の調整に腐心し、事業はひたすらタテ割りが進められてきているのが実情です。こうした合併JAの運営の矛盾、あいまいさが一気に噴出してきたのが、今回の信用事業代理店化の問題のように思われます。

農水省の奥原次官は、JAは合併など進める必要はない、小規模であってもJAは営農・経済事業に専念できる体制をつくるべきで、信用・共済事業などは一刻も早く農林中金や全共連を本店とし、単位JAを支店・代理店とする体制を構築すべきと主張しています。

JAは多様な事業を行っていますが、大きく分ければ営農・販売・生産資材購買活動と生活（主に信用・共済事業）・購買活動に大別されます。前者は農家組合員の所得を獲得するために行われ、後者は獲得した所得を有効活用するために行われます。

そして、営農・販売事業はJAが事業の起点になるのに対して、生活・購買事業は、取り扱いについてスケールメリットの原理が働き、連合組織が起点になるという特性を持っています。

このように考えると、次官の主張は極めて明快であり、一面で誠に合理的なものと考えることができます。こうした事情を反映してからか、この問題に多くの学者研究者の皆さんは沈黙を守っていますし、ともすればこうした考えを容認する人もいます。

そして何より、当のJA自体がリスク管理など面倒なことは連合組織に任せておけばよいとばかりにJAの事業権限を連合組織に移譲していっている実情があります。

この事業の典型が、バブル崩壊後の困難な時期にJA経営を支えてきた共済事業です。多くのJAの役職員は、もはやJA共済事業は連合会の代理店になっていると認識さえしています。

こうした合併JAのタテ割り経営の原因は、合併JAの運営のあり方が研究されていないことにあります。一時期、JA合併が進められた当初にはJA全中から「大規模農協運営の手引き」が出され、大規模JAの運営のあり方に関心が寄せられたことがありましたが、内容の複雑さも手伝ってか今ではほとんど検討が深められていません。

2012年10月の第26回JA全国大会組織協議案では、「支店を核に、組合員・地域の課題に向き合う協同」が主題として掲げられ、支所・支店を拠点として「JA地域くらし戦略」に取り組むとされました。

ここで提起された問題の本質は、本格的な合併JAの集中分権型の経営とは何か、その必要性を問うものでしたが、現実には、「一支店一協同活動」などという矮小化されたものに終わってしまいました。

中根千枝氏が「タテ社会の人間関係」で指摘するように、日本社会はタコ壺型のタテ割り社会であり、一方で総合大学、総合病院、総合商社など総合が好きな国民性であるにもかかわらず、現実的にはタテ割り運営が貫徹される傾向にあります。

したがって、総合JAたるJAだけがタテ割り傾斜の経営を行っているわけではありません。今回の農協改革は、反協同組合、反総合JA、企業農家育成という明確な意図のもとに競争原理一辺倒な考えで進められているのはいうまでもないことですが、一方で地域に根差した農業協同組合として、いかにJAらしい運営を行っていけばいいかの根本問題を提起しているものでもあります。

(3) 未来をつくる自立JA

JAが持つ組織の優位性は、①組織・事業活動に対する組合員への依拠、②相談活動を持ち、経済事業を中核とした信用・共済などの事業の兼営への依拠、③補完組織たる連合組織への依拠、④行政からの支援への依拠の四つの依拠にあります。

この四つに依拠し、その優位性を発揮できるのが自立JAの姿です。しかし、この依拠が依存に代わるとJAは、一転して無責任経営に陥ります。組合員の皆さんが協力しないから、兼営は名ばかりでタテ割り事業運営しか念頭にない、都合の悪いことは連合組織や行政のせいにするなどの状況では、自立JAとはいえません。

今回のJA改革を通じて、JAに求められているのが、他ならぬこの自立経営の確立です。そして、ここまではこれまでの延長で考えればいいことですが、これに加え、今後は次の二つのことをとくに念頭に置いて自立経営の確立をめざしていく必要があります。

一つは、職能組合と地域組合の「二軸論」から脱却することにともなう経営の対応です。まずは、JA全国大会の議案で謳っている、①農業者の所得増大、②農業生産の拡大、③地域の活性化のうち、③については、直接もしくは間接的に可能な限り農業振興の関連のもとで行うという説明が必要になります。

また、「二軸論」とは直接関係はありませんが、JAを農業振興を目的とする組織に見直すことを契機に、今でもタテ割りになっているJAの事業を、組合員の営農経済支援事業と組合員の生活支援事業に再編成していくことが重要です。

営農経済支援事業とは、営農指導・経済事業、信用事業（営農関連融資）等であり、生活支援事業とは、生活指導・経済事業（購買店舗・葬祭・相続事業など）信用事業（生活関連融資）、共済事業などです。

また、都市化地帯のJAでは営農・生活支援の両面の性格を持つ資産管理事業があります。

このうち、とくに共済事業については農業振興との関連でどのようにとらえなおすことができるのか、農業リスク保険の取り組みなど特段に工夫のいるところです。

組合員目線の事業運営への転換にともない、部門計算などもこうした考え方に沿って見直していく必要があります。また、情報もタテ割りの事業情報から事業を横断する組合員情報への転換が求められます。

二つは、当面の経営対策です。今回の農協改革で中央会監査が否定され、今後JAは公認会計士監査に移行します。この変化に対して、中央会監査は業務監査と並行して実施され公認会計士監査より有益であった、会計監査も公認会計士監査の水準と遜色がないので心配することはないという楽観論がありますが、これには注意が必要です。

そもそも、かつての中央会監査と公認会計士監査とでは目的が違います。このため、両者の間では、監査の着眼点がちがいます。これまで良しとされてきたことが、公認会計士監査では否定されることがあることを認識しておく必要があります。

第一の問題は、JAが経済事業、信用事業、共済事業を兼営していることです。このような事業形態を持っているのは、日本にはJAのほか、漁協を除いて例がありません。

われわれにとっての一番の懸念は、いうまでもなく信用事業の代理店化—JAからの信用事業分離ですが、JAが信用事業をうまくやっていたとしても兼営する経済事業の内部統制が不十分・非常識なものであれば、公認会計士監査では預金者保護のため分離が適切という判断になりかねません。

こうした判断は、組合員組織たるJAにはそぐわないものですが（JAには不特定多数の預金者という概念がありません）、最終的に判断するのは金融庁です。したがって、公認会計士監査に耐えうる内部統制の確立は避けて通れない喫緊の課題です。

さらに、マイナス金利のもとでのJAの経営悪化への対処もたいへんです。冒頭に指摘したように、今後農林中金・信連からの奨励金の大幅減額が予想されています。

ですが、こうした状況は他の金融機関も同じです。JAとしては、経済事業を柱に、今まで以上に総合事業の利点を生かす取り組みが重要になってきます。また、組合員とともに困難を分かち合う事業のやり方について、相互理解・工夫が必要になってきます。

8．協同組合とはどのような組織か

(1) 協同組合論について

今回の農協改革は、協同組合批判が特徴です。そこで、協同組合とはどのような組織か、また協同組合論をどのように現実問題の対応に使うのかについて述べます。

まず、協同組合はどのような組織でしょうか。この点ついて、説得力のある説明が欠けているように思います。これまでの協同組合論で最初に引き合いに出されるのは、トーマス・モアの「ユートピア」論（1516年）です。ユートピアとは、どこにもない国・理想郷を意味し、それぞれの世相の中で救いを求める人々の心をとらえてきました。

協同組合も例外ではなく、協同組合は、産業革命によって誕生した資本主義社会において、その矛盾を解決すべく、人々が求める理想郷をめざしていくものだなどとして説明されます。

その後は、ヨーロッパや日本などにおける協同組合の歴史が、主に資本主義の矛盾を正す戦いとして延々と語られます。これがこれまでの協同組合論の定番です。

しかし、考えてみると、理想郷を求めるのは協同組合だけでなくあらゆる組織の関心事ですし、歴史についても、その正当性・独自性を説明するためにあらゆる組織が持っているものです。

このように考えると、この説明は協同組合の独善性を理解するのに役立つとしても、協同組合がどのような存在であるかを客観的に解明するには不十分なものであることがわかります。

そこで別の観点、協同組合について、その原因と結果（コインの表裏）という側面から考えてみます。協同組合は、そもそもどのような理由で存在し、どのような役割を果たしているものなのでしょうか。この点について、これまでの協同組合論はそのほとんどが結果としての役割論です。

現在の協同組合論の到達点は、フランスの協同組合研究者のジョルジュ・フォーケ（1873〜1953年）が唱えたセクター（領域）論と考えられています。

このセクター論は、現在では、社会は「公的セクター」・「営利セクター」・「非営利セクター」からなり、これらのセクターがそれぞれの役割を果たすことによって成り立つと説明されます。

日本でも、かつて近藤康男（1899〜2005年）は、協同組合は国家独占資本が利潤を吸い上げるパイプであると論じましたが、これも典型的な役割論です。

また、協同組合の社会的・経済的役割のほかに、人と協同組合の機能・役割について述べたものに、協同組合運動の巨星、賀川豊彦（1888〜1960年）が唱えた、「協同組合人体臓器論（筆者）」があります。

賀川は、協同組合を人間が生きて行くために必要な臓器に例えました。生産・消費・信用・販売・共済・保険・利用の７種協同組合について、筋肉は生産組合、消化器は消費組合、血行は金融等を司る信用組合、呼吸は交換等を掌握する販売組合、泌尿器は共済組合、骨格は全身を支える保険組合、神経系統は権利を運用する利用組合という具合です。

また、同じく人と協同組合の機能・役割について述べたものに、組合員経済体現論があります。

しかし、これらの人と協同組合の機能・役割論も協同組合を説明したもので、協同組合はそもそもどのような存在であるのかを解明したものではありません。それでは、コインのもう一つの側面であるそもそも論についてはどのように考えればいいのでしょうか。

そこで、協同組合のそもそも論について一歩を進めてみたいのですが、これについて筆者は、協同組合は助け合いという人間が持つ本性（Human Nature）を体現した組織と考えています。

そのように考えるヒントは、協同組合の役割を論じたセクター（領域）論にあります。そして、そもそも論を考えるのに参考になるのが、三つのセクターの中で最も古い歴史を持つ「公的セクター」たる政府組織の存在です。政府（官僚）組織はなぜ必要とされるのでしょうか。

それは、人間が安全に暮らしたいという根源的な本性を持っており、「公的セクター」における政府・官僚組織は、人間の安全に暮らしたいという「自己保全」の本性に応え、それを体現する組織だからです。

自己保全のわかり易い組織は軍隊ですが、軍隊は最も官僚制が貫徹した組織です。公的セクターにおける政府組織が、安全に暮らしたいという自己保全の人間の本性から生まれたものであるとすれば、「営利セクター」における会社組織は競争、「非営利セクター」における協同組合は、助け合いという人間の本性を体現する組織ではないかということに思いいたります。

人間の本性は時代を超えて存在するものでありこれを無視して社会は成り立ちません。助け合いという人間の本性は、古くからあるものですが、資本主義社会という本格的な競争社会の登場で、それに対抗する協同組合という組織・制度として確立されてきたものと考えられます。

協同組合論の学者・研究者の中には、協同組合は産業革命を経た資本主義社会のもとで生まれた組織であり、それ以前のものは協同組合とはいえないということをことさらに強調する人がいますが、それは一体何をいおうとしているのでしょうか。

協同組合を助け合いという人間の本性を体現する組織ととらえれば、協同組合というかどうかは別にして、そうした組織は古くからあり、日本でもゆい（結）、頼母子講などが中世以前から存在していました。

「資本論」を著したK・マルクス（1818～1883年）は、R・オーエン（1771～1858年）などの協同主義者を空想的社会主義者と批判しましたが、協同組合は時々の政治体制によってその存在が左右されることがない人間の本性に基づくものであると認識すれば、この指摘は的を射ていません。

また、C・ダーウィン（1809～1882年）の適者生存の進化論は、資本主義にとって競争原理だけが強調されますが、生き残りのためには利他の愛（助け合い）が必要なことを指摘しています。

目指すべき福祉社会は、人間の本性たる、自己保全・競争・助け合いのベストミックスにより存在するものであり、このバランスを欠いた政治・経済・社会は正常な姿とはいえません。

なお、次に述べるように、組織にとって決定的に重要なのは運営方法ですが、この点についても、公的セクターたる政府組織の運営方法が参考になります。

M・ウエーバー（1864～1920年）は、官僚（政府）組織の特徴として、①上意下達、②専門性、③文書主義などを指摘しましたが、この特徴こそ政府組織の運営方法と考えられます。

協同組合についても、運営方法は組織存続の決め手であり、ロッチデール組合の運営規約が、組織の普遍的な運営方法たる「協同組合原則」に発展していったことで、協同組合は、政府組織、会社組織とならぶ世界の三大組織になりました。

（参考：賀川豊彦『協同組合の理論と実際』日生協出版部　2012年）

（2）協同組合論の理解と応用

およそ組織は、理念・特質・運営方法という三つの概念で理解することが重要です。理念は、組織の考え方、特質は組織の性質・体質、運営方法は組織のワザを意味します。

よくこの選手は、「心技体」が充実しているなどといいますが、人間の心が組織の理念、技が組織の運営方法、体が組織の特質にあたります。

協同組合運動の憲法は、「協同組合原則」ですが、この協同組合原則をどのように理解すればいいのでしょうか。現在の協同組合原則は、協同組合のアイデンティティに関するICA声明として発表された「95年原則」です。

「95年原則」は、「定義」・「価値」・「七つの原則」からなります。このうち難解なのは、価値です。価値についての説得力のある説明は寡聞にして知りませんが、自助・自己責任・民主主義・平等・公正・連帯という協同組合の価値は一体、何をいおうとしているのでしょうか。

私見によれば、この価値は、本来は「理念」とすべきところ、世界の協同組合として理念（考え方）を統一することができず、その代わりに、組織の根源的な存在理由としての協同組合の道徳的価値を掲げたものと考えられます。組織でも人でもこうありたいという感情を持っており、それが道徳的価値です。

協同組合は人の組織ですから、価値の前段に、組織としての道徳的価値を、そして後段に組合員がもたなければならない倫理的価値（正直・公開・社会的責任・他人への配慮）を、二つに分けて提示したものと考えられます。

また、定義は、「協同組合とは、人びとが自主的に結びついた自立の団体です。人々が共同で所有し、民主的に管理する事業体を通じ、経済的・社会的・文化的に共通して必要とするものや強い願いを充たすことを目的にしています」と述べていますが、これは協同組合とはこのようなものだという組織の特質を述べたものといえます。後段の目的は、抽象的であたり前のことであって、真の目的を述べたものとはいえません。

次に原則については、「指針」と表現され、七つの原則が掲げられています。以上のことを踏まえ、われわれはこれから何を学ぶべきでしょうか。一つは、協同組合の理念・目的は、世界レベルでは統一することは困難なことから、国やそれ以下のレベルで協同組合の目的を考えることが必要だということです。

JA の理念は、「農と食を通じた豊かな地域社会の建設」と考えられますがまずこれを、確定していくことです。「JA 綱領」では、肝心の JA 理念が明確には述べられていません。

そして、協同組合の理念ですが、これは当面、国のレベルで、①食に対する安全・安心（食料主権）の確立、②自然循環型エネルギー政策の確立、③人、社会などあらゆる面での格差是正などが考えられます（経済評論家の内橋克人氏は、協同組合が掲げるべき理念として、①食料、②エネルギー、③ケア、の三つを挙げています）。

こうした、日本における協同組合理念は、常に生協、漁協などの協同組合間で議論を重ねて問題意識を共有し、共通目標として実現に取り組んでいくことが重要です。

また、七つの協同組合原則については、これが基本的には、協同組合の運営方法であるという認識が重要です。協同組合の運営方法とは、協同組合のマネジメント・経営を意味します

協同組合が会社組織やその他の組織と存在を分けるのは、経営のやり方であり、協同組合にとって重要なことは、高邁な理念より具体的な協同組合らしい経営の確立です。

この意味から、協同組合の理念は、協同組合らしい経営（Plan・Do・See）を行っていくための道具にすぎない存在と説明することもできます。

七つの原則は、運営方法として①加入脱退の自由、②一人一票、③利子制限、④自主・自立、⑤教育・広報、⑥協同組合間協同、⑦地域社会への関与など大括りで抽象的なものですが、このことを念頭に、メンバーシップの特性や、これまでに述べてきたJA組織の特性や優位性に基づく経営を確立していくことこそが求められます。

今でも農協研究者の中には、JAを支えるのは組織・事業・経営だなどと経営責任を曖昧にするようなことをいう人がいますが、そうしたことではなく、JAの組織活動と事業活動を統合・継続していくのがJA経営だということをはっきり認識すべきです。

第Ⅱ章で述べたように、今回の農協改革の緒戦の戦いの大きな敗因の一つは、不特定多数の投資家の利益を体現する上場会社運営とのイコールフッティング（その象徴が、協同組合監査の否定と公認会計士監査への移行）の議論でした。

このことを考えれば、JAが協同組合として生き残っていくためには、協同組合マネジメントの探求・確立が必要不可欠な課題です。

9．協同組合と政治

（1）協同組合原則と政治

JA にとって協同組合と政治の問題は、JA が農業問題を抱えているだけに、避けて通れない重要かつセンシィテイブな問題です。現在の協同組合原則は、その第4原則で協同組合の自主・自立を謳っています。

この原則は、1937年の ICA パリ大会で採択された、協同組合の政治的・宗教的中立の原則を引き継いだものといわれています。

いうまでもなく、政治的・宗教的中立は、協同組合運動の長い歴史の中から、協同組合が政治や宗教の問題を安易に組織内に取り込むと内部に鋭い対立関係を生み、まともな協同組合運営が困難になるとの認識に基づくものでした。現在でも、キリスト教とイスラム教の対立は、世界最大の不安定要素になっています。

しかし一方で、協同組合といえども、政治的・宗教的な関係から中立ということはありあえず、この原則は、「中立」というよりは「等距離」と解釈した方が良さそうです。

こうした事情からか、現在の自主・自立の原則は、「協同組合は組合員が管理する自立・自助の組織であり、政府を含む外部の組織と取り決めを結び、あるいは組合の外部から資本を調達する場合、組合員による民主的な管理を確保し、また、組合の自主性を保つ条件で行います」といった、むしろ、協同組合の組織的・経済的な自立を謳った内容になっています。

協同組合としての JA と政治との関係は、自民党および野党と超党派・等距離で接することが組織運動の基本となりますが、その理由は、本章8で述べた通りです。

R・オーエン、F・ライファイゼン（1818～1883年）、賀川豊彦など、歴史に名を遺した一流の協同組合運動家は、いずれも博愛主義者、社会運動家、事業・起業家であって、政治家ではありません。

協同組合にとって政治とは、人びとの助け合いの心を結集することであり、政治家は使うものであって、断じて政治家に使われるものであってはなりません。協同組合は、安易に政治に支配されるものであってはならないというのが、本書の主要な命題の一つです。

（2）JA 運動と政治―選挙活動・候補者の資格

JA 運動と政治は切っても切れない関係にあり、戦後は地方の農政連組織が活発に活動し、JA の要望を政治に取り入れてきました。また、この政治勢力の発揮には JA 青壮年部の皆さんの力が大きな役割を果たしてきており、現在の JA 組織の幹部の皆さんは、その多くが JA 青壮年部の出身者です。

以下に、JA の選挙活動の実際を振り返り、JA 運動と政治の関係について二つの側面から考えてみます。

一つは、JA と政治・選挙活動との関係です。戦後の JA の政治運動の中で、近時、大きな転機になったのが2007（平成19）年７月に行われた参議院選挙でした。この選挙で JA グループは、JA 全中の専務理事であった山田俊男氏を全国比例の候補者として擁立し、結果は40万票を超える大勝利をおさめることになりました。

勝因は、組織から自前候補を期待する JA グループの熱い願いがあったのに加え、同候補が全中総会の場等を通じ事実上、全中の選挙協力を取り付けたことにありました。

それまで、全中は「総務庁による行政監察」などで厳しい JA 批判を受け、この反省から中央会が行う政治と選挙活動には明確な一線を画すべきとの立場で1989（平成元）年に全国農政協議会を立ち上げ、選挙活動を行うこととしていました。（現在は、このほかに正式な政治体として、全国農業者農政運動組織連盟〈平成18年設立〉があります）。

ところが、同候補が全中の協力を取り付けたことで事情が変わり、意に反して中央会による JA への実質的な選挙活動指導が行われることとなりました。その内容は、関係者・読者の皆さんがよくご承知の通りです。

しかしそのことが、協同組合としてのJAの政治的中立を放棄するばかりか、中央会制度自体の存立さえ危うくすることになろうとは、当時ほとんどの人は気がつきませんでした。

ちなみに、この選挙で同じくJAグループが擁立した農水省出身の福島啓史郎氏（参議院議員２期目）は、あえなく落選の憂き目にあっています。

このような経過を反省すれば、中央会と政治活動の関係については、中央会はロビー活動はともかくとして、選挙活動についてはこれを農政協等にまかせ、手を出すべきではありませんし、改正農協法の附則で代表・総合調整機能を与えられ、2019（平31）年９月末までに一般社団法人へ移行するJA全中についても、同様に考えられるべきです。

また、協同組合たるJAも、ロビー活動は別として、選挙活動は農政協等の政治組織に任せるべきは当然のことです。

もう一つは、どのような候補者を議員として擁立すべきか、ということです。現在JAグループが擁立している議員は、参議院・全国比例区選出でJA全中専務理事であった山田俊男氏と、熊本県の「JAかみましき」の代表理事組合長であった藤木眞也氏で、いずれもJA組織の出身者です。

選挙には莫大なお金がかかり、また票が必要です。このことからすると、当選の可能性という観点だけからすれば、自民党推薦で、JA組織に所属している者が擁立候補者として適当だという現実的な判断はわかります。しかし、政治とはそれほど簡単で安易に考えるものなのでしょうか。

2017年10月の総選挙で、自民党は小選挙区の議席で218議席（75％）を得ていますが、得票率は48％に過ぎませんし、2015年１月の佐賀県知事選挙では、大方の予想を覆し、自民・公明両党の推薦する候補が、農協改革に反対する地元農協の推薦を受けた候補に大敗するという、いわゆる佐賀の乱が起こっています。

カネも票もJAという組織に依存した、われわれの自民党所属の代表者が、果たしてTPP反対運動や中央会制度の廃止を決めた今次農協法の改正にどれほどの力になったでしょうか。

これまでの運動結果を見れば、率直にいって、むしろ政府が進める政策のお先棒を担がされてきたというのが正直なところでしょう。

自民党はある意味で成熟した、したたかな政党です。組織に依存した議員の足元を見て、自分の都合の良いように使うことなどは十分心得ており、政治の世界はそれほど甘くはありません。

とくに、農産物重要５品目について、とても聖域を守ったとはいえないTPP交渉の国会での批准決議（2016年12月）で、われわれの代表者は反対か少なくとも棄権を表明するぐらいの態度が必要でしたが、あっけなく、そろって賛成票を投じました。これでは、何のための代表者かということになります。

また、農協法改正でも、あらゆる意味で戦後のJA運動を支えてきた中央会制度が一年もたたない短い期間のうちに、かくも完璧に葬り去られたのはどのような理由によるものでしょうか。選挙は当選することが目的ですが、それで終わりではありません。重要なのは当選してから結果として何を残していくかです。

とくに、山田議員については、元・全中専務理事であり、今次農協法改正の国会承認時に参議院農林水産委員長の要職にあったことなどから大きな役割と責任が問われることになりました。

彼らが率先して政府の政策実現に奔走するのは、少しでも自民党に睨まれれば次の選挙から自民党の公認が得られなくなるという議員としての地位保全の意識が強く働いています。現在の小選挙区制では、自民党から睨まれ、公認が得られなければ議員になることはかなわないからです。

JAという組織のお陰で、カネも票も組織に依存して当選した議員には、離党・脱党は無論のこと、議員辞職も辞さないぐらいの決意・覚悟が求められます。

なお、組織が擁立した候補者・議員と組織の関係について、選挙活動については政治組織が担わなければならないことは前述の通りですが、議員と組織の関係については、議員は政治家、組織関係者はJA運動家としての矜持を持ち、それぞれが節度を持って対応していくことが肝要です。

議員と組織がもたれあいの関係になれば、協同組合として自主・自立を失い、JA運動は死滅することになります。

いうまでもなく、政治とりわけ選挙活動は特定組織の利益体現者として機能するものであってはならず、JA組織もあくまでも組合員・農家の利益を体現するべきものとして存在します。

前例となる郵政改革においては、この点があいまいで、反対勢力には郵政事業の利用者という観点が欠落し、国民には政治が郵政組織の利益体現者としてしか映らず、完敗を喫しました。

政治力の発揮については、安易に中央の政治折衝に頼ることは慎むべきであり、それが利益集団（Interest Group）の行動と映ってしまってはかえってマイナスになります。

農政運動の基本は幅広い地域から中央に攻め上る政治勢力の結集をはかっていくことが重要であり、JA運動は、常に広く国民的理解を得たものでなければならず、内向きの運動はJAを孤立させるだけで成功しません。

TPPの生産者への打撃はあまりにも大きく、中央会制度はもう二度と元に戻ることはありません。こうした反省からは、今後は、自民党インナー政治に埋没することなく生産者の立場で、広く国民的視野のもとで次世代につなぐ農業・農協政策を訴える力と実行力がある候補者選びが重要となります。

JAとしては特定の組織に過度に依存せず、カネも票も自分で培い、這い上がる覚悟を持つほどの人物を擁立するのが理想ですが、そうした人物を見つけるのは至難の業です。それを乗り越え、どのような人物を候補者として選ぶのか、それは優れてわれわれの責任に課せられています。

第Ⅳ章

今後の展望・可能性

1．総括―本当の意味の自己改革

JA 運動の今後の展望・可能性について検討する前にまず着手すべきは、今次農協改革の総括です。これまでに述べてきたように、政府が提案した農協改革のほとんどは、准組合員の事業利用規制を除きすでに終わっています。

そこで、これまでの戦いを振り返り、総括をする必要があります。この点について、JA およびJA グループは萬歳 JA 全中会長の辞任を契機として、戦いの総括（歴史的な大敗の原因追究）をすべきでしたが、今にいたるも総括ができていません。

総括は戦後70年を経たJA 運動の経過を踏まえたもので、さまざまな視点から総合的かつ、慎重に行われるべきです。しかし、総括を行う上で確認しておかなければならないことが、少なくとも二点あります。

一つは、これまでわれわれが依拠してきたJA の「二軸論」(JA は職能組合であると同時に地域組合である）が否定されたこと、もう一つは、自己改革案で推進主体の前提とされていた中央会制度がなくなったということです。

今次農協改革・農協法改正を通じて、われわれが依拠しているJA の自己改革案およびその延長線上にある第27回 JA 全国大会路線は、国会審議等を通じて、すでにその内容と実施主体の両面において完全否定され、破たんしていることです。

この結果、いまわれわれに問われているのは、①環境変化に対応した新たなJA 像の構築と、②新しいJA 運動体制の構築です。

にもかかわらず、いまJA 全中が進めているのは自己改革の完遂です。それのみか、今から組合員アンケート調査を実施して自己改革の達成状況を確認し、それをもとにさらに従来路線を推し進め、准組合員の事業利用規制はじめ種々の課題に立ち向かおうとしています。

われわれが、いくらこれまでのJA 改革路線の正当性を主張し、アンケートで組合員の賛同を得たとしても、それは組織内の自己満足を得るものでしかありません。的を射ない方針は、今後のJAの諸課題について、対応不能という実害をもたらします。

自己改革について、よくわからないけれど皆が決めたことだからしょうがない、などと高をくくっているとたいへんなことになります。この期に及んで、悪いのは政府であるとして自己改革の推進を唱えるのは、JAの独善性を示すものでしかありません。

JA及びJAグループは速やかに意識転換を行い、しっかりしたJA運動の総括を踏まえ、①環境変化に対応した新たなJA像の構築と、②新しいJA運動体制の構築を進めるべきです。

JA全中は、平成31年3月7日にJA全国大会を開催するとしています。そして、その前に都道府県段階で大会を開催し、意見集約をはかるとしています。要するに、JA全中では、あらかじめ方針めいたものは示しません、皆さんの自由な意見を聞いて今後の対応を決めますというのがJA全中のスタンスと見受けられます。

このような、皆さんいかがいたしましょうかという組織運営の態度は、一見すると民主的に見えますが、他方で責任をJA・組合員に押し付けるものであって、変革期のリーダーがとるべき姿勢ではありませんし、こうした姿勢では、JA全中の代表・調整機能を発揮することはできません。

今次農協改革で、われわれは、中央会制度の廃止など取り返しのつかない多くのものを失いました。われわれは、今次JA改革の敗北を率直に認め、しっかりした総括の中から議論を深めJA運動の蘇生・再構築をはかるべきです。

全組合員アンケート調査も、JA組織の自己満足のためのものでなく、新たなJA像・運動体制を構築するための素材、もしくは検討を深める機会として活用されれば、それはそれで大きな力になるでしょう。

平成31年3月のJA全国大会に向けて、JA全中が取り組むべきことは、これまでの総括のうえで主要課題を整理し、課題ごとに一定の方向性を示してJA・組合員段階まで議論を徹底して行うことです。
そして、その集約の上でJA運動の一定の方向感を出し、それを一社全中に引き継いでいくことです。それが旧農協法第3章で政府によって存在が保証され、戦後のJA運動を牽引してきた、誇り高きJA運動の司令塔たるJA全中および都道府県中央会の最後の仕事です。
大方のJAの皆さんにとって、平成31年5月までの改革集中推進期間までになすべきことは何か、まったくわからない状況になっていますが、以上のことを成し遂げることこそが、その内容と思われます。
農水省の後ろ盾を失うことになる一社全中で、新たなJA運動を構築・展開して行くことはたいへんな困難をともないますが、自主・自立の協同組合精神でJA運動の新たな地平を切り拓いていくことが求められています。

2．新たなJA像・運動体制の構築

これまでのJA運動の総括の視点―いまJAに問われていることについては、第Ⅲ章で述べた通りです。そうしたことを踏まえ、今後JAが目指すべき新たなJA像の構築と新しいJA運動体制の構築が必要になります。その内容については、おおよそ次のようなものが考えられます。
新世紀JA研究会では、すでに平成28年7月に開催した「JA秋田しんせいセミナー」で、「新総合JAビジョン確立への提言」をまとめています。ここでは、参考としてそのエッセンスについて述べておきます（ただし、原文そのままではなく、筆者の見解を入れて修正してあります）。
ここで述べているのは、あくまでも例示です。将来ビジョンの構築には、すでに第Ⅲ章で述べた、「いまJAに問われていること」を念頭に、幅広く立体的な議論を巻き起こして行くことが重要です。
JA役職職員の皆さんは、いまJA運動が大きな転換点に立っていることを自覚して、これまでに述べてきたことを念頭に論点を整理し、組合員段階まで徹底した議論を巻き起こし、将来方向を共有する運動を進めることが何より重要と考えられます。

これまでのように、待っていれば中央会から方針が下りてくる、それを念頭にJA版をつくればそれで良いという状況ではありません。JAの役職員の皆さん一人一人が問題意識を持ち、地域の実態を踏まえてJAの将来方向を真剣に議論すべき時です。

さらに、いまは戦後第2世代から第3世代への移行の最終期です。これからの農業・JAを担うのは第3世代であり、実体はすでにそうなってきています。議論の主体は第3世代が中心になって行われるべきであり、第2世代はこれを温かく見守る立場をとるべきです。

(1) 新たなJA像の構築—新総合JAビジョンの確立

【趣旨・ねらい】

今次JA改革の最大の争点は、農業振興にとって現在の総合JAの仕組みが適切か否かである。政府は、今後の農業振興にとって総合JAは適切な姿とは考えておらず、このため、信用事業の分離(JAからの信用事業譲渡)と准組合員の事業利用規制を進めようとしている。

こうした政府の極端な職能組合特化の方向は、国が定めた食と地域にウイングを広げた「農業基本法」に代わる「食料・農業・農村基本法」の考えと整合性がとれていない。もとより、農業は食と地域を離れて存在することはできない。

これに対してわれわれは、農業振興にとって総合JAは必要不可欠なもので、かりにこの仕組みが壊されれば、経済社会の持続的発展を可能とする地域における助けあいの協同組合組織は消滅し、農業は振興するどころかますます疲弊することになると考える。

このため、われわれには、政府の考えに対して、「新総合JAビジョン」を確立し、JA運動を力強く進めていくことが求められている。「新総合JAビジョン」は、これまでの運動の延長線上にあるものであってはならず、また、JA組織の自己保身のものであってはならない。

また、組合員目線に立った従来型の総合JAの運営、補完組織としての連合組織の機能発・組織のあり方について全面的な見直しが必要である。

【新総合JAビジョンのイメージ】

1．農業振興は一人農業者・農家だけではなく、食や地域に関連する人びとともにあることを明確にする。このため、JAを農業者・農家で構成する組織から農業者・農家および農業を支える者で構成する組織へと意識の転換をはかる。

　同時に、JAは農業振興・農業所得確保において、今後より一層の努力を傾注し、その社会的役割を果して行く。

2．また、組合員による部会や農業法人などの小さな協同を組み込んだ協同組合経営体としての総合JAの体制整備をめざす。

【課題と対策】

1．農業振興の抜本策

1）考え方

これまでの協同活動を基本に、市場開放や超高齢化などの厳しい環境のもと、担い手育成、地域社会の活性化のため、JA自らの農業生産への関与などにより、その社会的役割を果して行く。

とりわけ、農業者・農家の所得増大のため、JAにおける農産物の生産・流通・加工・販売における機能発揮について、従来型の組織のタテ・ヨコの分断された機能分担による取り組みから、タテ・ヨコの統合された機能発揮の取り組みへと意識の転換をはかる。

また、全JAで営農類型に基づく農業所得を明確にした農業振興計画を策定・実践し、また、その結果を検証して行く。

2）具体策（例示）

①JA直営1,000農場（1農場10〜30ha規模）の全国展開―全国数か所のJA全農・農林中金・共済連直営農場設置構想の想定と連携

ア、後継者・新規就農者の育成、イ、営農指導技術の習得、ウ、新規導入作目・農法の開発・実験、エ、バリューチェーンの構築、オ、不耕作地の管理・活用、カ、雇用の確保など

②総合JAの中に、組合員による農業専門組織をつくる仕組みの構築（重複機能の排除）

③地権の集約による農地の有効活用

④１JA １ブランド戦略の推進

⑤６次化をめざす新組織の組成

⑥ JA出資型全国農業法人協会の設立など

２．准組合員対策

１）考え方

JAは農業者・農家だけでなく、食や地域社会を通じて農業をサポートする人たちで構成される組織へと意識転換をはかる。

２）具体策

①これまでの組織活動参加・経営参画の取り組みに加え、准組合員に対し正組合員の議決権を侵害しない制限付き議決権の付与（総会運営規約で可能）

②農産物直売所の利用、地元農産物の購入、食に対する意見の具申、体験農園、学童教育への協力など農に対する准組合員の協力義務の要請

③上記を内容とする農業振興のための、JAと准組合員組織（部会）との間での自主的な利用協定の締結

④部会組織の育成など准組合員の組織化対策の推進

⑤農業振興、村・町づくりの観点からの准組合員事業利用規制の阻止運動の展開

３．信用事業分離反対運動と体制整備

１）考え方

協同組合・総合JAを否定する信用事業の事業譲渡を行わせない運動展開と自立JAの確立をはかる。

２）具体策

①JA組織の独自性を踏まえ、かつ公認会計士監査に適合する体制を確立する。とくに経済事業を重点に、事務処理の統一、収支改善などを内容とする内部統制体制の確立をめざし、このための信用事業の事業譲渡の環境を生み出させない「JA内部統制確立運動（全JAでの経済事業のレビューや担当者の設置など）」の展開

②信用事業の事業譲渡を醸成させないためのJA合併の推進、もしくは都市JAなどでの農業振興基金の造成・活用

③事業縦割り、集中・集権型の事業運営を排除した協同組合らしい、組合員の営農・生活活動という目線に立った集中・分権型の経営の確立

４．中央会の機能・体制整備

１）考え方

「新総合JAビジョン」の確立を踏まえ、総合JAとの対等なパートナーシップに基づき、代表・総合調整機能を果たすナショナルセンターとして、従来のいきさつにとらわれない、機能を集約した県中・全中が一体となった組織を整備する。

また、その機能の発揮について、実業としての事業実施体制の整備を行い、会費依存からの脱却をはかる。

２）具体策

①農政・経営指導等の組織・機能の集約

②教育・広報機能の体制整備

③JA全国大会の見直し（意思結集と対外広報、開催期間など）

④「みのり監査法人」の育成・協力

（2）新しいJA運動体制の構築

【運動展開の考え方】

１．行政・政治との関係

従来、JAは、一面で行政の下請け機関として農村地域社会の安定、農

業政策の遂行（コメの生産調整など）に協力してきましたが、この下請け機関としての役割が時代の要請に合わなくなってきています。

その理由は、とりあえず二つあげることができます。一つはおよそ半世紀にわたって続けられた国によるコメの生産調整が終わりを迎えてきていることです。

国によるコメの生産調整は、農業者・農家の協力なくしては不可能です。このため、行政は地域・全国規模で農業者・農家を組織するJAを通じて、生産調整の実効を上げる必要がありました。

もう一つは、JAの行政下請けの機能、行政から見ればJAを利用した政策展開が国民の目から批判を浴びるようになってきたことです。それは、主に「規制改革推進会議」や財界の意見として、行政が政策遂行にJAの力を借りているから農業振興（構造改善・大規模化）が進まないのだという批判に象徴されています。

今回の農協法改正での中央会制度の廃止（第3章の条文削除）は、国がこうした行政とJAの関係を断ち切ることを決意し、それを実行にした移したものと受け止めることができます。

このため、今後は、JAと行政の持ちつ持たれつの関係を払しょくし、行政とJAがそれぞれの立場で主体性をもって農業振興の役割を果たしていくことが求められています。

しかし一方で、農業振興はJAの力だけで行うことは不可能で、行政の力を借りることが不可欠です。このため、引き続き行政（とくに農水省）との密接な連携強化が求められますが、今後は行政との対等のパートナーシップのもと自主・自立のJA運動を展開して行くことが重要になってきています。

また、JAと政治との関係については、すでに第Ⅲ章の9で述べた通り、助け合いの精神のもと、各政党と等距離の関係を保つなかで、農業振興のための政治勢力の結集を行うことが肝要です。

さらに、悪い意味で使われる政・官・団体のトライアングル、言い換えれば政・官・団体の連携も必要なことに変わりはありませんが、それぞれが節度を持って対応していくことが求められます。

２．食料主権確立のための国民運動の展開

これまで、JAは農業者・農家というより、JAの利益体現団体として、政府与党と組んでその存在を誇示してきました。その結果は思わしいものではなく、食料自給率（カロリーベース）38%に象徴されるように、農業・農村は疲弊の一途をたどってきており、こうした運動展開の見直しが必要になってきています。

運動展開見直しの視点は、今後JAは、JA組織の利益体現者ではなく、生産者の利益体現者としての姿を前面に打ち出していくことでしょう。地域では、農業者・農家の皆さんは「農家さん」と、ある種尊敬の念をもって迎えられますが、JAについては、貯金や共済推進ばかりやっていると評判がよくありません。

一方で、本書の主題である、農業は一人農業者・農家の力では支えきれないという考えに立てば、農業者・農家の皆さんはもっと消費者や地域の皆さんに農業振興への協力を求めて行くべきですし、JAは、その仲介役としての役割を積極的に果たしていくことが求められています。

運動展開の方向は、まずは正組合員・准組合員が「農と食を通じた豊かな地域社会の実現」というJA理念を共有し、農業振興のために一体となって取り組みを進めることです。これはいわば、正・准組合員1,000万人が一体となった農と食の連携運動です。

そして、その先にあるのは、この運動を核としてさらに１億人を対象にした、食料自給率の向上、人々の食に対する、安心・安全を求める食料主権確立の国民運動の展開です。

承知のように、スイスでは、2017年９月に実施した国民投票の結果、憲法に「食料の安全保障」が明記されることになりました。

また、すでに述べたように、日本には、生産者・消費者などの協同組合として共通の運動目標がありません。運動目標として、①食料主権の確立、

②自然循環型エネルギー政策の確立、③あらゆる面での格差是正の実現などを掲げ、協同組合運動を力強く進めて行くことが重要です。

こうした面での協同組合間連携運動は、競争原理一辺倒の政権運営で混とんとする社会・経済情勢の中で、今後ますますその取り組みの切実さが現実味を帯びてくるでしょう。

JAは、地域における閉鎖的な組織から、広く地域・国民に愛される開かれた組織として運動を展開して行くことが時代の要請になっています。

【運動体制の確立】

以上のような国民運動としてのJA運動は、組合員・JA段階での草の根の活動なくして実現は不可能です。同時にまた、JA段階、都道府県段階、全国段階での体系的な取り組みが必要です。

この運動のポイントになるのが、JA正組合員の意識改革です。これまで述べた通り、JAは今大転換期を迎えており、この転換期を乗り越えることができるのは、JA運動の主役たる正組合員の力です。

こうした認識のもと、まずはJA段階で、正組合員・准組合員一体となった農と食の連携部署を設置し、とくに、正組合員として農業振興のために准組合員に何を要請していくのか、その上でどのような形で准組合員の権利を保障できるのか、その内容の検討から始める必要があります。

1）JA段階

①作目別生産者部会の組織化

②青壮年部・女性部、生活部会等の活性化

③准組合員部会の結成

④正組合員・准組合員の連携組織の設置・育成

⑤協同組合間連携組織の設置

⑥地元商工会との連携組織の設置等

2）都道府県・全国段階

①作目別生産者組織を通じた営農・農政活動の展開

②コメなど主要作目についての需給調整

③都道府県および全国段階での准組合員連結協議会の結成

④JCA（日本協同組合連携機構）での協議・運動展開

⑤与野党での農業・農協問題議員連盟結成の促進等

⑥財界等他企業との協議・連携

注：新世紀JA研究会では、平成18年10月の結成以来、全国セミナーを年２回（計23回）、危機突破課題別セミナーを平成28年10月の第１回から30年３月までに17回開催（延べ約1500名のJA役職員が受講）してきています。『The Wave ～ JA改革』は、これまでの課題別セミナーの内容を収録した冊子です。

なお、本書で述べている内容は、新世紀JA研究会等での議論を参考にしていますが、研究会での決議事項等との直接の関係はなく、あくまで筆者独自の見解であることをお断りしておきます。

（参考：新世紀JA研究会『The Wave ～ JA改革』2017年）

福間莞爾（ふくま　かんじ）

1943年生まれ。全国農協中央会常務理事（1996～2002年）、財団法人　協同組合経営研究所理事長（2002～2006年）を歴任。農業経済学博士（東京農業大学）。

〈著書〉

＊『転機に立つ JA 改革』（財）協同組合経営研究所　2006年
＊『なぜ総合 JA でなければならないか―21世紀型協同組合への道』全国協同出版　2007年
＊『現代 JA 論―先端を行くビジネスモデル』全国協同出版　2009年
＊『信用・共済分離論を排す―総合 JA100年モデルの検証と活用』日本農業新聞　2010年
＊『これからの総合 JA を考える―その理念・特質と運営方法』家の光協会　2011年
＊『JA 新協同組合ガイドブック』〈組織編〉全国共同出版　2012年
＊『新 JA 改革ガイドブックー自立 JA の確立』全国共同出版　2014年
＊『規制改革会議・JA 解体論への反論』全国共同出版　2015年
＊『総合 JA の針路』―新ビジョンの確立と開かれた運動展開』全国共同出版　2015年

〈インタビュー集〉

＊『変革期におけるリーダーシップ』（協同組合トップインタビュー）財団法人協同組合経営研究所　2005年

〈連絡先〉

住所：〒335－0022　埼玉県戸田市上戸田3－8－18－902
電子メール：k.fukuma@sepia.plala.or.jp

明日を拓く JA 運動
―自己改革の新たな展開―

2018年５月１日　第１版第１刷発行
2018年12月１日　第１版第２刷Ｄ発行

著　者　福　間　莞　爾
発行者　尾　中　隆　夫
発行所　全国共同出版株式会社

〒160-0011　東京都新宿区若葉1-10-32
電話 03(3359)4811 FAX 03(3358)6174

印刷所　新灯印刷株式会社